KB053283

우리나라의 불교문화유산 베스트 27

한글 + 영문판

우리나라의 불교문화유산 베스트 27

저 자 박재호
영 역 김은주
발행인 고본화
발 행 탑메이드북
교재공급처 반석출판사
2015년 6월 15일 초판 1쇄 인쇄
2015년 6월 20일 초판 1쇄 발행
반석출판사 | www.bansok.co.kr
이메일 | bansok@bansok.co.kr
블로그 | blog.naver.com/bansokbooks

157-779 서울시 강서구 양천로 583번지 B동 904호
(서울시 강서구 염창동 240-21번지 우림블루나인 비즈니스센터 B동 904호)
대표전화 02) 2093-3399 팩 스 02) 2093-3393
출 판 부 02) 2093-3395 영업부 02) 2093-3396
등록번호 제 315-2008-000033호

ISBN 978-89-7172-715-7 (03980)

우리나라의 불교문화유산 베스트 27

머리말

길을 나선다.
마음이 답답하거나 어떤 일이 맺혀 있을 때 산사를 찾는다.
연두색 바람이 초록빛으로 변해 가는 숲에는 고요함이 있다.
물이 흐른다. 조그만 돌을 간질이며 바위를 넘고 돌아 부서지는 물소리는 마음을 풀어 준다.
그곳에 천년을 담은 산사가 있다.
산은 겉에서 보는 것과는 다르다. 언덕을 바라보는 것과 언덕 위에 서서 보는 맛이 다르듯, 산 밖에서 보는 산과 산속의 정경은 또 다른 세계이다.

나무와 풀과 숲과 물과 바위와 바람으로 인간을 담아내고 있는 산사의 불교 문화유산.

빗물이 대지에 스며들어 맑은 샘물로 솟아오르기까지 얼마나 시간이 필요할까! 이 땅에 불교가 전래된 지 1,700여 년이 되었다. 암반에 스며들었던 빗물이 샘물이 되어 솟아오르고, 숲속의 바위는 미소를 머금은 채 생명을 품고 남을 시간이다.

5분 부처가 되어 이 우주의 첫 번째 진리는 무엇일까 물음을 던져 본다. 무에서 유를 창조한, 부서진 우주의 바위 덩어리가 모여 새 생명을 탄생시킨 지구!

이 지구에서는 적어도 생명을 소중히 하고, 생명을 사랑할 줄 아는 것이 첫 번째 덕목이 아닐까. 살아 있는 생명을 아끼고, 안녕과 평화를 갈구하며, 수행자의 향기를 그대로 품고 있는 한국의 산사. 한국 문화의 정서적 근간을 이루고 있는 불교 문화유산을 어린 친구들이 종교적인 관점을 넘어서서 바라보았으면 하는 바람으로 용기를 내어 본다. 평범한 글줄에 부처님이 웃을지도 모를 일이다.

여기에 소개한 사찰들은 특별한 순서 없이 발길 닿는 대로 소개하였다. 그리고 소개되지 않은 산사 중에 더 아름답고 소중한 사찰들이 많이 있음을 분명히 밝혀 둔다. 단지 마음이 닿아 글줄을 늘여 보았을 뿐이다. 이번에 소개된 산사들은 아직 세계문화유산으로 지정되지 않은 것이 대부분이다. 충분한 가치를 지니고 있다. 한편으로는 지정이 안 되었으면 하는 마음이 있다. 지금처럼 가까이하기 힘든 까닭이다. 우리 문화유산들은 항상 사람들과 함께 호흡하고 있다.

지극히 평범한 글줄을 책으로 만들어 준 반석출판사 고본화 사장님과 강승주 실장님께 감사를 드립니다. 여러 가지 번거로움을 받아 주시고 편집해 주신 조한나 선생님께 감사를 드립니다. 그리고 귀한 사진을 선뜻 내 주신 도오 행자님께 고마움을 두 손 모아 전합니다. 부처님 같으신 분을 도반으로 함께할 수 있어 행복합니다. 그리고 내내 글줄과 사진을 살펴 준, 저녁이면 한 집으로 모이는 도반 이분희 선생께 진심으로 감사의 마음을 전합니다. 가끔씩 이분이 성불하지 않기를 바라기도 합니다.

하루하루 복된 나날과 평화를 기원하며...

저자 박재호

차 례

머리말 4

Part 1 우리나라의 불교

01 전통과 자연의 만남, 산사 10

02 금당에는 어떤 부처님 17

03 불교의 전래 23

04 부처님의 생애 29

05 석탑 33

06 승탑 37

Part 2 우리나라의 아름다운 산사

01 부석사 42

02 화엄사 50

03 쌍계사 58

04 송광사 66

05 선암사 74

06 금산사 84

07 수덕사 92

08 조계사 102

09 월정사 110

10 상원사 118

11 해인사 128

12 통도사 138

13 봉은사 146

14 용주사 154

15 동화사 162

16 법주사 170

17 대흥사 180

18 운문사 190

19 전등사 200

20 흥국사 208

21 직지사 216

PART 1

01 전통과 자연의 만남, 산사
02 금당에는 어떤 부처님
03 불교의 전래
04 부처님의 생애
05 석탑
06 승탑

우리나라의 불교

01 전통과 자연의 만남, 산사

산사에 가면 왜 우리는 편안한 마음을 느낄까? 지금 우리가 발길 닿는 대로 가고 있는 절은 10년, 20년 전에는 학교 소풍이나 수학여행으로 그렇게 처음에 갔던 곳이다. 우연히 갔던 곳에 마음을 두고 온다. 50년 전에도 우리의 부모님이, 할아버지 할머니가 그렇게 마음이 닿아 다니셨던 곳이다. 100년 전, 1,000년 전에도 우리 조상들이 그렇게 마음을 내어 다니셨던 곳이다. 산사에는 우리의 아름다운 자연이 있다. 그리고 무엇보다도 지금 산사에는 합장한 두 손과 미소와 발자국으로 화음을 만들어 내는 사람들이 살고 있다.

조선 시대에는 불교 탄압으로 인해 도시에 있던 절들이 퇴락하였고, 현재 우리가 볼 수 있는 절은 대부분 아름다운 산속에 남아 있다. 때로 산사는 청춘의 고향처럼 한국인들 인생의 전환점에 자리하기도 한다. 오랜 세월을 거치면서 절은 종교적인 장소일 뿐 아니라 소가 풀을 뜯고 있는 고향의 언덕배기처럼 역사와 문화와 희로애락을 기대고 있는 곳이 되었다. 산과 숲과 나무와 물이 있는 사찰을 종교적 관점이 아닌 한국인의 정서적 관점으로 바라보았으면 하는 바람이 있다.

개울물에 마음을 씻고

절을 가다 보면 반드시 개울을 만난다. 혹은 길을 내고 다리를 두어 물을 건너게 한다. 일종의 세례의식이다. 마음을 씻으라는 것이다. 궁궐에 있는 금천교禁川橋와 비슷한 의미이다. 절에 있는 다리 이름을 피안교나 해탈교라고 하는 이유도 여기에 있다.

탐진치貪瞋癡[1]에 찌든 마음을 씻어 내고 조금 걷다 보면 승탑과 당간지주를 만나게 된다. 승탑은 스님들의 사리를 모신 곳으로, 부도라고도 부른다. 통일신라 말기 선종이 유행했을 때, 이름 높은 스님들이 입적하시면 팔각원당형의 아름다운 승탑이 많이 만들어졌다.

· 구례 연곡사 동 승탑

· 김제 금산사 당간지주

당간지주는 사찰에 행사가 있을 때 깃발을 걸어 알리는 역할을 했다. 갑사에 당간지주의 원형이 잘 보존되어 있다. 금당 앞에 있는 것은 괘불(불화)을 거는 괘불대지주로, 당간지주와 구별해야 한다.

1) 열반에 이르는 것을 방해하는 삼독을 의미하며, 탐욕, 진에, 우치를 가리킨다.

부처님 세계로 들어가다

육중한 화강암 돌에 묻어 있는 내력을 헤아리며 걸으면 부처님세계로 들어가는 첫 관문인 일주문이 나온다. 이 문을 경계로 문 안을 진계, 일주문 바깥쪽을 속계라고 한다. 기둥이 일직선상에 나란히 있어 일주문이라는 이름이 붙었다. 일주문에 한 발자국 들어서면 부처님 세계로 속세를 벗어난 것이다.

· 경주 기림사 사천왕상

일주문을 지나면 사찰의 규모에 따라 금강문과 천왕문이 나온다. 금강문에는 입을 벌리고 있는 아금강역사와 입을 다물고 있는 훔금강역사가 있다. 금강역사는 불교의 수호신이다.

천왕문에는 동서남북을 지키는 수호신 사천왕상이 있다. 용과 여의주를 쥐고 남쪽을 지키는 수호신이 증장천왕이다. 궁궐과 사찰은 구조가 비슷하다. 왕이 살고 있는 궁궐에서 삼단으로 검문과 경비가 삼엄하듯이, 사찰에서도 마음의 때를 말끔히 벗어야 삼문을 통과할 수 있다. 붙잡는 이가 없어도 스스로 삼문을 통과해야 부처님 앞에 나갈 수 있다.

그렇게 삼문 중 마지막인 불이문에 들어서면 부처님의 나라 불국정토이다. 극락이다. 불국사의 자하문이나 부석사의 안양문이 바로 불이문이다. 마지막 문을 지나면 궁궐에서는 정전이 나온다. 현실에서는 이상정치를 추구하는 곳이, 절에서는 금당이 나오는 것이다.

·영주 부석사 안양문

부처와 보살의 집

부처님을 모신 공간을 금당이라고 부른다. 부처님은 빛이 나서 금인金人이라고 하고 금인을 모신 공간을 금당이라고 한다. 금당 앞에는 탑과 석등이 자리하고 있다. 금당에는 여러 이름이 있다. 모신 부처님에 따라 그 이름과 의미가 다르다.

·순천 선암사 대웅전

가장 많이 보는 금당은 대웅전이다. 대웅이란 말 그대로 어리석은 중생들을 구제한 우리의 위대한 영웅이란 뜻이다. 가장 먼저 깨달음을 구한 석가모니 부처님을 대영웅이라 칭한 것이다. 그 밖에 아미타불을 모신 무량수전, 비로자나불을 모신 대적광전 등의 금당이 있다.

이 금당의 부처님 외에도 화려한 복장을 한 보살이 부처님을 보좌하고 있다. 보살이란 '깨달은 자' 라는 의미로 보리살타를 줄인 말이다. 화려한 보관을 쓰고 있는 관세음보살을 모신 곳이 관음전이다. 관세음보살은 중생이 괴로울 때 관세음보살을 정성으로 외우면 그 음성을 듣고 구제한다고 하는 보살이다.

또 이미 깨달음을 구했으나, 지옥에서 고통스러워하는 중생들을 구제하기 전까지는 절대로 부처가 되지 않겠다고 서원한 지장보살이 있다. 지장보살은 명부전을 관장하고 있다. 명부는 지옥을 말한다.

·여수 흥국사 범종각

그 외에도 금당 주위로 응진전, 나한전 등 모시고 있는 부처와 보살에 따라 여러 전각들이 있다. 범종각에서는 범종과 법고, 목어, 운판이 부처님의 말씀을 온 세상에 또 다른 언어로 전하고 있다.

토착신을 품은 불교

사찰에서 불교의 포용력을 보여 주는 재미있는 공간이 삼성각과 칠성각이다. 우리의 토착신이었던 산신, 칠성 등을 모신 곳이다. 교회나 성당 안에 무당집을 둘 수 있을까? 인도에서 발생한 불교가 우리나라에 정착할 수 있었던 중요한 요인 중의 하나가 바로 포용력이다. 절집 안에는 우리의 토착신앙과 불교가 잘 융합되어 있다. 일주문 안에 성황당이 있기도 하고, 사찰의 부엌인 공양간에도 부엌을 다스리는 조왕신을 모신다. 모두 우리의 토착신이다.

인간, 아름다운 수행

절은 부처님만 모시는 신들의 공간이 아니다. 인간들이 신들과 함께 살고 있는 공간이다. 깨달음을 지향하며 수행하는 스님들이 그곳에 살고 있다. 또한 깨달음을 얻고자 하는 평범한 세속의 인간들이 머물기도 하고 그냥 스치듯 다녀가기도 한다. 스님들이 거처하는 곳이나 사찰의 사무 등을 관장하는 공간을 요사채라고 부른다. 근심을 더는 곳으로 해우소가 있다. 마음의 똥까지 비우게 하는 화장실을 이보다 더 아름답고 정갈하게 부르는 이름은 없을 것이다. 그렇게 모든 것을 비우고 불유각에 들어 빈 가슴을 바위틈으로 흐르는 맑은 부처님 젖을 채우면 몸에 맑은 계곡이 흐르는 듯하다.

발자국은 길이 되어

사찰에 가면 오랜 세월 동안 많은 사람들이 고뇌를 안고 걸었던 길이 있다. 그 길에는 개개인이 몸담고 얽매인 정도에 따라 다르지만, 조그마한 마음의 비움과 분노를 씻어 내려는 사람부터 깨달음을 얻으려 사찰을 찾았던 사람까지 많은 이들의 흔적이 차곡차곡 쌓여 있다. 발자국은 길이 되었다. 화강암 돌부리에서는 이끼가 태어나고, 염원은 곳곳의 이름이 되어 있다. 당신이 눈길을 주는 곳에는 카메라 프레임처럼 기억이 담긴다. 잠시 머무는 곳에는 이 흙길을 지나갔던 인간들의 소망과 비움과 그리움이 스며 있다.

바쁠 것도 없이 싸목싸목 안단테 안단테 산사를 소요하며 마음속에 일어나는 생각들을 하나씩 하나씩 마음 밖으로 튕겨 낸다. 그렇게 태양과 계절이 허락하는 대로 머물다 보면 사람이 말로 글줄로 건네줄 수 없는 그 어떤 걸 얻으리라. ‡

02 금당에는 어떤 부처님

절집에 가면 법당에는 부처님이 계신다. 어떨 때는 근엄한 듯하고, 깊은 선정에 들어 무엇을 염원해도 들리기나 할까라는 생각이 들 때도 있다. 그런데 가만히 보면 유머러스하고 재미있다. 법당은 부처님을 모신 곳으로, 설법을 하는 곳이다. 부처님에게서 금빛이 난다고 해서 금인이라고 하는데, 금인을 모신 곳이라 금당이라고도 부른다.

부처님의 집, 부처님의 수인

·대구 동화사 대웅전 석가모니불

절에 가면 제일 많이 보는 이름은 대웅전이다. 대웅은 말 그대로 큰 영웅, 위대한 영웅으로 바로 석가모니를 가리킨다. 그래서 대웅전이나 대웅보전이라고 쓰여 있는 법당에는 석가모니 부처님이 모셔져 있다.

그런데 다 똑같은 부처님 같아 구별하기 힘들다. 가만히 보면 손 모양이 조금씩 다르다. 이 손 모양을 수인이라고 한다. 일종의 상징과도 같다. 석가모니불은 수인으로 항마촉지인을 하고 있다. 항마촉지인은 오른손을 무릎 아래로 내리고 손가락으로 마귀를 지긋이 누르는 모양이다. 이것은 석가모니가 깨달음을 얻을 때 이를 방해하기 위해 나타난 마귀를 항복시킨다는 것을 의미한다.

부처님의 여러 모습 중에서 오른손으로 왼손의 둘째손가락을 감싸고 있는 독특한 모습이 있다. 지권인이라고 한다. 지권인을 하고 있는 부처님을 비로자나불이라고 한다. 비로자나란 태양, 빛을 의미하는 말이다. 즉, 비로자나불은 불교의 진리를 형상화한 부처님이다. 비로자나 부처님을 모신 곳을 대적광전, 비로전 등으로 부른다.

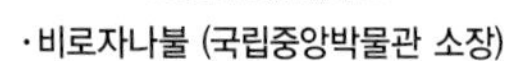

·비로자나불 (국립중앙박물관 소장)

부처 중에서도 가장 많은 사람들의 사랑을 받는 부처가 아미타 부처이다. 이 부처는 이름도 가장 많이 부르는데, 나무아미타불! 나무아미타불!이라고 부르기만 해도 극락으로 인도한다는 부처이다. 아미타불은 무량수불, 무량광불이라고도 한다. 서방정토를 다스리면서 중생들에게 무한한 수명과 무한한 광명을 베푸는 부처이다. 아미타불을 모신 전각을 무량수전, 극락전이

·천주사 아미타불상 (국립중앙박물관 소장)

라고 한다. 수인은 아홉 가지 모양으로 나타나는데 아미타구품인이라 한다. 아미타 부처는 중생을 모두 구제하기 때문에, 가장 구제하기 어려운 하품의 중생부터 조금만 이끌어 주면 바로 깨달음을 얻는 상품의 중생까지 모두를 껴안는 것을 상징한다.

옛날에 사람들이 가장 무서워했던 것은 질병, 즉 병의 고통이다. 그래서 중생들의 병든 몸을 고쳐 주기 위해 약병을 들고 있는 약사불을 의사처럼 받들었다. 이 약사불은 손에 약병을 상징하는 조그마한 단지를 들고 있다. 이 약병으로 모든 병에서 고통받고 있는 중생들을 구제한다는 의미이다. 약사불은 약사전에 모신다.

·약사불상 (국립중앙박물관 소장)

보통은 부처가 계신 곳을 불전이라고 하며, 한 사찰에 하나의 부처만 모신 것도 아니어서 사찰에 가면 전각들이 꽤 여러 채이다. 그리고 보살들도 전각들에 모셔졌다.

어느 전각에 어느 보살이?

관세음보살을 모신 곳을 관음전, 원통전이라고 한다. 관세음은 세상의 모든 중생의 소리와 염원들을 살핀다는 의미로 중생에게 가장 큰 자비를 베푸는 친근한 보살이다.

지장보살을 모신 전각은 지장전, 명부전이라고 한다. 지장보살은 지옥에 있는 중생들을 모두 구제하기 전에는 절대로 부처가 되지 않겠다고 서원한 보살이다. 명부는 지옥을 말한다.

·고창 선운사 지장보살상

부처님? 보살?

그런데 막상 어떤 분이 부처님이고 보살인지 잘 구별할 수가 없다. 가만히 보면 몇 가지 특징을 가지고 있다.

싯타르타는 분명 한 인간으로 태어났지만 깨달음을 구해 부처가 되었다. 열반 후에 부처를 따르던 제자들은 그를 그리워했다. 그래서 만들어진 것이 불상인데, 부처님의 형상을 보통 사람과 똑같이 표현할 수는 없었다. 그래서 경전에는 부처님이 보통 사람과 다른 중요한 모습으로 32가지(32상相)이 있고, 넓게는 80가지(80종호種好)가 있다고 했다. 부처님의 손과 발에는 물갈퀴가 있었다. 손이 무릎까지 내려오고, 연꽃 같은 눈을 가졌다. 심지어 부처님의 성기는 말처럼 감추어져 있다고 전한다.

불상을 조성할 때는 경전의 내용을 반영하였다. 사찰에서 만나는 부처와 보살상을 몇 가지만 유심히 보면 구분할 수 있다.

부처님은 육계와 백호, 나발, 삼도가 묘사되어 있으며, 보통 남성적인 근엄한 모습으로 표현된다. 육계는 머리에 상투를 하고 있는 것처럼 표현하는데, 부처님의 원래 머리 모습이 살이 올라온 것이나 뼈가 올라와 상투처럼 솟아 있는 것이다. 요즘도 스님들은 말씀하시길 공부를 많이 하면 삭발을 한 머리 모양이 바뀐다고 하신다. 깨달음을 얻기까지 수행을 많이 한 부처님을 형상화한 모습이다.

백호는 우리가 흔히 부처님 이마에 있는 점을 말한다. 하지만 이것은 점이 아니다. 하얀 털이다. 경전에 의하면 백호는 희고 긴 털을 돌돌 말아 놓은 것을 표현한 것이다. 이 흰 털은 빛이 나서 그 빛이 헤아릴 수 없는 곳까지 비친다고 하여, 보통 불상에서는 보석으로 장식한다. 나발은 부처님의 머리카락이 오른쪽으로 말려 올라간 것이 꼭 소라 모양처럼 된 것이다. 삼도는 목 주위의 3개의 주름을 말한다.

보살상은 부처님보다 화려하고 여성적인 모습으로 나타낸다. 육계나 나발 대신 보관을 쓰고 있으며, 옷도 천의라 하여 하늘하늘하게 입었고, 귀에는 귀걸이, 손에는 팔찌 등 장식도 화려하다. 보살은 대중들에게 친근하게 다가가야 하므로 이렇게 표현한 것이다.

·관음보살상 (국립중앙박물관 소장)

이렇듯 불상과 보살상은 나타내는 모습마다 모두 담긴 의미가 있다. 그냥 다 같은 부처님 상이려니 하고 지나쳐 왔다면, 눈앞에 있는 상이 부처님인지 보살인지, 또한 어떤 부처님인지 살펴보는 것도 절을 찾는 재미가 될 것이다. ☸

불교는 기원전 5세기경 인도의 석가모니가 창시한 종교이다. 석가모니의 본래 이름은 고타마 싯타르타이다. 고타마 싯다르타가 태어난 시기의 인도는 농업생산력과 상공업이 비약적으로 발전하고, 엄격한 신분제인 카스트제도가 있었던 사회였다. 사회적 영향력을 확대하던 크샤트리아와 바이샤 계층은 당시 사회를 지배하던 브라만교에 불만을 갖게 되었다. 카스트제도가 엄격하였던 당시에 자비와 인간의 평등을 강조하는 불교는 크샤트리아와 바이샤 계층에 받아들여져 빠르게 발전하게 되었다.

완전한 깨달음

고타마 싯다르타는 29세에 출가하였다. 처음에는 인도의 전통적 수행 방법인 고행苦行으로 6년간 수행을 했다. 고행 속에서도 깨달음을 얻지 못하자, 부다가야의 보리수 아래에서 7일간의 명상을 통해 마침내 완전한 깨달음을 얻게 된다.

석가가 깨달은 진리를 법法, 즉 다르마라고 한다. 불교는 깨달음의 종교다. 석가모니가 추구하는 수행 방법은 고행이나 쾌락이 아닌 올바른 방법으로 중도中道를 지키는 것이다. 이 중도를 실천하기 위한 구체적인 방법으로 팔정도를 지켜야 한다고 했다. 팔정도는 바른 견해, 바른 생각, 바른 말, 바른 행위, 바른 생활, 바른 노력, 바른 신념, 바른 명상을 말한다.

석가모니는 인간이라는 존재를 괴로움이라고 보았다. 그리고 이 괴로움의 모든 근원은 집착이라고 설명했다. 그러므로 괴로움을 없애고 해탈을 하기 위해서는 모든 집착에서 벗어나야 하며, 석가모니는 그 방법을 깨닫고 가르치려 하였다.

불교의 발전과 분파

·아소카 석주

불교는 인도 최초의 통일 국가인 마우리아 왕조 아소카 왕과 1세기 후반 쿠샨 왕조의 카니슈카 왕 때에 비약적으로 발전하였다. 그러다 카슈미르, 간다라 지방을 비롯하여 스리랑카와 미얀마 등 국외 지역으로까지 전파되었다. 이처럼 급속하게 팽창된 불교는 이후 계율을 보는 차이에 따라 대승불교와 소승불교로 나뉘었다.

개인의 해탈을 강조한 소승불교는 태국 등 주로 동남아시아 지역에 전파되었다. 이와 달리 개인보다는 중생구제에 더 큰 뜻을 두었던 대승불교는 중국과 한국, 일본 지역에 간다라미술과 함께 전파되었다.

인도에서 발생한 불교는 후한 때 동쪽인 중국으로 전래되어 위·진·남북조 시대에 뿌리를 내리게 된다. 서역의 많은 승려들이 중국으로 들어와 불교를 전했으며, 한자로 경전을 번역하여 대중들에게 불교를 가르쳤다. 당시 중국에는 노장사상老莊思想이 크게 유행하고 있었는데, 불교의 공空사상을 노자의 무無에 연결하여 불교를 이해시키기도 하였다.

중앙아시아에서 태어난 구마라습은 대표적인 번역승으로 산스크리트어로 된 대승불교의 많은 경전들을 한문으로 번역한 인물이다. 이후 한문경전에 의한 불교 본래의 교리가 연구되면서 중국불교의 사상적 발전의 기틀이 마련되었다.

달마대사에서 시작된 선종禪宗은 점차 수행하여 깨달음을 얻는 것을 중시한 북종선과 단박에 깨달음을 얻는 것을 중시한 남종선으로 갈라졌다. 하지만 북종선은 이내 쇠퇴하고, 남종선이 송나라 이후 중국 불교의 주류를 형성하였다.

·달마도

우리나라에서의 불교의 시작

우리나라에는 삼국 시대에 불교가 전래되었다. 고구려는 372년 소수림왕 때 전진의 순도에 의해 처음 불교가 전해졌다. 백제에는 고구려보다 12년 늦은 384년에 인도의 승려 마라난타가 중국의 동진을 통하여 전하였다. 신라에는 고구려에서 묵호자에 의해 처음 전래되었다고 하지만 널리 전파되지는 못하였다. 그러다 527년 법흥왕 14년에 이차돈의 순교로 크게 발전하게 되었다. 삼국 시대의 불교는 고대국가가 성립되는 과정에서 왕실에 의해 적극적으로 수용되었고, 왕권을 강화하는 데 커다란 역할을 하였다.

중국을 통해 들어온 외래 종교였던 불교는 토착 민간신앙과 결합하면서 한국의 고대문화가 성립되는 데 커다란 역할을 하였다. 이후 유교와 더불어 한국 전통문화의 기반을 형성하게 되었다.

통일신라에서 꽃을 피우다

삼국 시대에 들어온 불교는 통일신라 시대에 화려하게 꽃을 피운다. 중국 당나라의 화려하고 세련된 문화가 통일신라로 빠르게 들어와서 국제적인 교류가 활발해졌고 아름다운 불교문화유산이 많이 만들어졌다. 대표적인 것이 불국사와 석굴암이다. 통일신라의 수도였던 경주를 가 보면 당시 국토의 모든 땅이 부처님이 계신 곳인 불국토이기를 꿈꾸었던 당시 사람들의 염원과 열정이 많은 문화유산들을 통해 생생하게 전해진다.

·불국사 석굴암 본존불 석굴

통일신라 말기에는 6조 혜능의 남종선을 이어받아 구산선문九山禪門이 성립되었다. 경전 연구를 강조하였던 교종보다 참선을 통한 해탈을 강조하였던 선종은 통일신라 말 호족세력과 민중들의 지지를 받으며 발전하였다.

불교국가 고려

·대각국사 의천

고려는 태조 왕건이 국교를 불교라고 공표할 정도로 불교국가였다. 그래서 불교문화 역시 절정으로 피어났다. 국가와 문화를 주도했던 이념이 불교였으므로 가장 현명하고 좋은 가문의 인물들이 줄줄이 승려가 되었던 시기이기도 하다. 왕자 출신이었던 의천은 중국의 천태종을 들여와 해동천태종을 성립시켜, 교종과 선종으로 나누어져 있던 불교를 하나로 통합시키고자 하는 노력을 하였다.

·보조국사 지눌

이렇게 절정에 달했던 불교도 고려 말기로 갈수록 부패하면서 이에 대한 개혁을 요구하는 목소리가 많이 나오기 시작했다. 무신정권하에서 불교가 타락해 가자 보조국사 지눌은 불교의 개혁을 주장하며 선종을 중심으로 교종을 통합하고자 하였다. 지눌의 선禪사상은 이후 조선 시대를 거쳐 오늘날 우리나라의 최대 종파인 조계종으로 전해지게 된다.

이후 조선을 개국한 중심 세력인 신진사대부들은 유교 국가를 건설하였고, 불교는 많은 탄압을 받았다. 유교는 종교, 즉 삶과 죽음의 문제를 해결하는 것이라기보다 정치적인 이념에 가까웠다. 부처님은 어리석은 것을 싫어하셨다. 다른 사람을 탓하지 않고, 스스로 지혜를 밝히고 스스로 깨달음을 구한다. 예나 지금이나 불교를 찾는 이유이다. 조선 시대에도 왕실과 민중들 속에서도 불교는 여전히 종교적인 기능을 유지하였다. ✝

04 부처님의 생애

우리가 먼저 분명하게 짚고 가야 할 것은 부처님도 원래 우리와 같은 평범한 한 인간이었다는 사실이다. 부모님이 있고 역사 속에 실존했던 인물이다. 한 인간이 오랜 수행 끝에 깨달음을 얻어 부처가 된 것이다. 깨달음을 얻은 후에는 붓다 또는 부처, 불, 불타, 세존 등으로 불렸다.

고타마 싯다르타의 삶

·포항 보경사 팔상도 중 탄생부

부처님의 원래 이름은 고타마 싯다르타이다. 싯다르타는 모든 것을 이룬 사람이란 의미이다. 탄생한 곳은 현재 네팔 남부와 인도 국경 지역인 히말라야 산 기슭의 카필라성이다. 부모는 슈도다나왕(정반왕)과 마야부인이다.

부처님을 석가모니라고도 한다. 석가모니란 샤키아 무니에서 온 말로 석가족의 성자란 의미이다. 싯다르타의 어머니 마야부인은 당시 전통에 따라 아이를 낳기 위해 친정으로 가던 길에 룸비니 동산에서 석가모니를 낳았다. 설화에 따르면 마야부인의 옆구리에서 태어났다고 한다. 태어나자마자 일곱 발자국을 걸으며 '천상천하 유아독존', 즉 세상에서 자기가 가장 중요하다고 외쳤다고 한다. 인류의 역사 속에서 큰 인물들은 보통 사람들과는 뭔가 다른 특별한 사람처럼 묘사된다.

·탄생불 (국립중앙박물관 소장)

태어난 지 7일 만에 어머니 마야부인이 죽고, 이모였던 마하파자파티가 왕비가 되어 그 아래에서 극진한 보살핌을 받는다. 이모이자 새엄마 마하파자파티는 후에 최초의 비구니가 된다.

아버지 정반왕은 한 예언자에게 아들이 출가할 것이라는 얘기를 듣고 이를 막기 위해 싯타르타를 성 안의 세상에서만 키웠다. 성 밖으로 눈을 돌리지 못하도록 화려하고 풍족한 생활을 즐기게 하였다.

싯타르타는 6살 때 어느 봄날 농경제 행사에서 중요한 경험을 한다. 농경제란 우리로 보면 조선조에 농사를 권하는 선농의식과 비슷한 행사라고 할 수 있다. 쟁기로 땅을 갈아엎을 때 어디선가 날아온 새들에게 벌레들이 잡아먹히는 모습을 보고 무척 슬픔에 빠졌다. 눈물을 흘리다 근처 큰 나무 아래에서 처음으로 선정에 들었다.

이때 선정에 들었던 경험은 출가 후 많은 고행 끝에도 얻지 못했던 깨달음을 얻는 데 큰 경험이 되었다. 유년기 경험은 아주 소중하다는 걸 부처님도 직접 경험하였다.

16살 때 부인 야소나라와 결혼하였다. 왕자가 누릴 수 있는 특권과 함께 인간으로서의 세속적인 즐거움을 만끽하였고, 아들 라훌라를 낳았다.

보리수 아래서 깨달음을 얻다

어느 날 도성의 동서남북 4곳의 성문에 나갔다가 인간이 피할 수 없는 고통을 목격한다. 나이 든 노인과 아픈 병자, 그리고 죽은 뒤에 실려 나가는 시신과 수행자를 보고서 출가를 결심하였다. 이때 나이 29살이었다. 가족과 왕위를 버리고 출가하기까지 많은 고민을 했으리라.

당시 인도의 수많은 스승들을 찾아다니며 수행에 전념하였다. 그러나 스승으로부터 원하는 것을 얻을 수 없었다. 6년간 혹독한 고행을 하였다. 하지만 고행으로는 깨달음을 얻을 수 없다는 것을 깨닫고 고행을 중단하였다. 그러다 어린 시절 농경제 때 선정에 들었던 경험을 떠올려 보리수나무 아래에서 선정에 들어 깨달음을 얻었다.

·싯타르타가 머리를 깎는 장면이 새겨진 돌

부처님은 이 깨달음 이후 45년간 설법 활동을 하였다. 부처님은 설법을 통해 많은 사람들을 깨달음의 길로 이끄는데, 사람마다의 특징과 이해의 정도에 따라 그 사람에게 맞게 설법하였다고 한다.

불교에서는 깨달음을 가로막는 근본적인 번뇌 3가지를 삼독이라고 한다. 탐욕과 성냄과 어리석음을 가리키는 것이다. 흔히 탐진치貪瞋癡 삼독이라고 말한다. 이 중에 부처님은 어리석음을 가장 나쁘게 생각하였다.

· 석가모니의 열반

80세에 제자 춘다가 정성스럽게 준비한 돼지버섯 공양을 받았다. 그러나 심한 식중독으로 쿠시나가라의 숲 사라쌍수 아래에서 열반에 들었다. 부처님은 여기에서 마지막으로 '자등명 법등명'으로 잘 알려진 유명한 설법을 하였다. 자기 자신을 등불로 삼고 자기 자신에게 의지하라, 진리를 등불로 삼고 진리에 의지하라!

석가모니는 신이 아니라 한 인간이라는 말이며, 모두가 부처가 될 수 있다는 뜻이다. 그러나 수많은 인간들은 아직도 자신이 부처라는 사실을 모르고 세상을 오가고 있다. ☨

우리나라의 석탑은 참 단정하고 아름답다. 화강암이 주는 듬직함이 있어 가만히 보고 있으면 깊은 맛을 더한다. 탑은 타파라고 하는데 산스크리트어의 스투파에서 나온 말이다. 분묘 즉 무덤을 뜻하는 말이다. 미얀마에서는 파고다라고 한다. 종로2가의 탑골공원을 예전에는 파고다공원이라고 불렀다.

사리 대신 말씀을 모시다

탑은 원래 무덤으로 부처님의 진신사리를 모시는 곳이다. 그러나 모든 탑들에 부처님의 진신사리를 모실 수 없어 부처님의 말씀인 경전을 대신 모시고 있는 경우도 있다. 탑 속에서 경전이 나오는 이유이다.

탑은 인도에서 부처님이 열반에 드신 후 사리를 8곳으로 나누어 쌓는 데서 비롯되었다. 인도의 탑은 그릇을 엎어 놓은 복발형이다. 이런 모양이 우리 석탑의 상륜부에 그대로 남아 있어 문화의 전파 과정을 알 수 있다.

목탑에서 석탑으로

·미륵사지 석탑

우리나라에서는 처음에 목탑이 유행했을 것으로 추측된다. 삼국 시대 초기의 탑들이 목탑 양식을 띠고 있다. 우리나라에서 가장 오래된 미륵사지 석탑은 돌로 만들었지만 목탑 형태를 그대로 간직하고 있다. 목탑은 화재에 가장 취약한 것이 문제다. 초기에는 많은 목탑이 있었겠지만 지금까지 전해오지 못한 이유이다. 이후 우리나라는 곳곳에 질 좋은 화강암이 많아 석탑이 발달하였다. 중국은 황토를 구워 만든 벽돌로 쌓은 전탑이 발달하였다. 요즘 아파트 10층 높이에 이를 정도로 규모가 아주 크고, 사람이 탑 속에 들어갈 수 있다. 일본은 목조 재료가 많아 목탑을 많이 만들었으며 전쟁의 피해가 없었기 때문에 규모가 큰 목탑이 많이 남아 있다.

·불국사 석가탑 사리 장엄 (불교중앙박물관 제공)

석탑의 층수는 지붕 모양의 옥개석의 개수로 알 수 있다. 옥개석이 3개 있으면 3층석탑, 5개 있으면 5층석탑이다. 석탑을 조성할 때에 많은 부장물을 넣기 때문에 당시의 여러 가지 사정을 알 수 있는 타임캡슐이 된다. 석가탑에서는 사리를 넣는 함에서 세계 최초의 목판인쇄물인 무구정광대다라니경이 나왔다.

시대 따라 다른 모습

우리나라 초기의 탑은 황룡사 9층목탑, 미륵사지 석탑이나 정림사지 석탑, 감은사지 석탑처럼 규모가 거대하게 조성되었다. 당시 사찰에서는 불사를 할 때 불상보다는 탑을 중심으로 하였으리라 짐작된다. 그러다 통일신라 이후 석가탑이 만들어지던 시기에 오면 규모가 작아지고 정형화된다. 이 시기에 오면 신앙의 중심이 탑에서 불상으로 바뀌었다고 볼 수 있다.

현재 전하는 탑들을 바탕으로 나름대로 탑의 변천 과정을 읽어 낼 수 있다. 시대적 순서로 보면 황룡사지 목탑, 미륵사지 석탑, 정림사지 석탑, 감은사지 3층석탑, 불국사 석가탑 순으로 발전하고 석가탑이 통일신라 시대의 석탑의 정형이 된다. 통일신라 시대에는 석가탑 형태의 3층석탑이 대부분이고, 고려 시대 이후 다각다층탑이 다양하게 나타난다. 틀에서 벗어나 변화를 즐길 줄 아는 고려 사람들의 미의식을 느낄 수 있다.

· 석가탑

구례 화엄사 5층석탑처럼 탑신부에 조각이 된 5층 이상의 다층탑들은 고려 시대에 나타나는 탑이다. 안동 신세동 7층전탑은 벽돌로 쌓아 만든 탑이다. 국립중앙박물관 내에 있는 경천사지 10층석탑은 원나라의 영향을 받은 석탑이다. 모전석탑이란 돌을 벽돌모양으로 다듬어서 쌓아 만든 석탑으로 분황사 모전석탑이 있다.

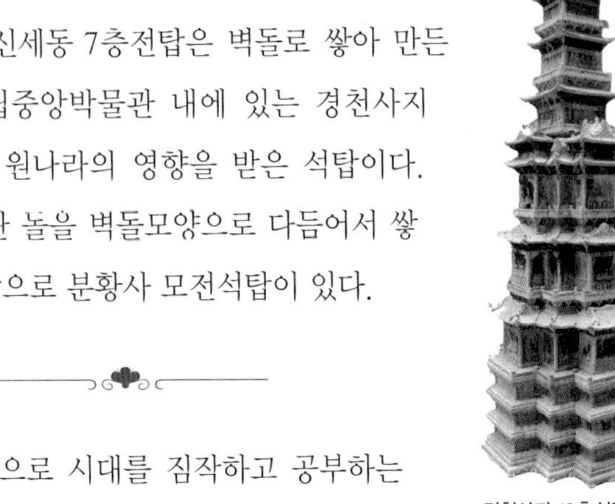
·경천사지 10층석탑

석탑의 외형으로 시대를 짐작하고 공부하는 것 또한 절을 찾는 재미 중 하나가 될 수 있지 않을까? 석탑은 부처님의 사리뿐 아니라 이 나라의 역사까지도 담고 있는 듯하다.

·분황사 모전석탑

06 승탑

스님의 사리나 유골을 모신 묘탑을 승탑이라고 한다. 탑이 부처님의 무덤이라면, 승탑은 스님의 무덤이다. 예전에는 부도라고 불리었다.

사찰에 가면 그 사찰을 세운 이름 높은 스님들이나 조사들을 기념하는 승탑과 함께 탑비가 모셔져 있다. 세상을 조용히 오셨다 조용히 가신 스님들의 승탑은 일주문을 들어서면 한적한 곳에 무리를 이루고 있다. 스님들의 공동묘지인 셈이다. 그런데 왠지 일반 공동묘지의 어두운 느낌이 아니라 편안하고 자유로운 느낌을 준다. 오래된 바위에 피는 지의류와 이끼들이 스님들의 인생살이를 속속들이 알고서 그 삶을 그려 내는 듯하다.

·원주 거돈사지 원공국사탑

아름답고 화려한 스님의 무덤

·원주 흥법사지 염거화상탑

삼국유사에는 신라 원광법사의 승탑을 세웠다는 기록이 있지만, 실물이 전하지 않고 있다. 현재 가장 오래된 승탑은 원주 흥법사터에 있었다고 전하는 염거화상탑으로 추정되고 있다. 지금은 용산 국립박물관에 모셔져 있다.

승탑이 유행한 것은 신라 말 선종의 유행과 관련이 깊다. 경전과 교리 연구를 강조했던 교종과 달리 선종은 참선을 통한 깨달음을 강조했다. 참선을 통해 스스로 깨달음을 얻은 스님들이 입적한 후에도 그들을 기리고 숭상하면서 승탑이 더욱 화려하고 아름답게 만들어졌다.

염거화상탑을 시작으로 신라 하대에 만들어진 승탑은 주로 팔각원당형이다. 통일신라시대에 조성된 쌍봉사 철감선사탑과 지리산 피아골에 있는 연곡사 승탑이 특히 정교하고 아름답다. 그 정교하고 세련된 솜씨에 눈을 뗄 수가 없다. 스님의 행적이 궁금하다는 생각조차 들지 않을 정도로 그 아

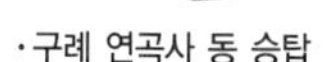
·구례 연곡사 동 승탑

름다움에 정신을 팔고 만다. 고려 말부터는 승탑이 유행처럼 번졌고, 조선 시대까지 종의 모양을 띤 승탑이 주류를 형성하였다.

어느 사찰이든지 승탑밭이 있다. 그곳에는 고요함이 있다. 자유로움이 있다. 미소가 절로 피어나게 하는 승탑밭도 있다. 해남의 대흥사와 미황사 승탑밭에 가면 승탑 사이를 오가고 기어오르는 아이들 놀이터 같은 죽음이 육신을 벗어나는 아름다운 공간이 있다.

탑비 없이 이름도 없는 승탑도 많이 있다. ✝

·해남 대흥사 승탑밭

PART 2

01 부석사
02 화엄사
03 쌍계사
04 송광사
05 선암사
06 금산사
07 수덕사
08 조계사
09 월정사
10 상원사
11 해인사
12 통도사
13 봉은사
14 용주사
15 동화사
16 법주사
17 대흥사
18 운문사
19 전등사
20 흥국사
21 직지사

우리나라의 아름다운 산사

01
부석사

전설이 살아 꿈틀거리는 영주 부석사! 부석사는 676년 의상대사가 세운 절이다. 부석사는 산속에 포근히 앉아 있는 보통의 산사와는 다르게 산등성이의 맥을 타고 오른다. 훤히 드러나 있는 산등걸을 타고 오르는데도 일주문에 들어서면 마치 미로 속의 길을 따르는 것처럼 무량수전 앞마당까지 끌리듯 걷게 된다. 그래서 한 번 부석사에 다녀오면 유전자에 내장되어 버린 듯 부석사를 잊지 못하고 다시 찾게 된다.

노 없는 배로 안양루에

사과꽃 향기 날리는 5월의 일주문을 지나면 가장 먼저 발길을 잡는 것은 당간지주다. 늘씬하게 잘 다듬어진 당간지주는 부석사가 얼마나 융성한 절이었는지를 보여 준다. 가파른 산 등성이에 자연석을 쌓아 올려 일정한 공간을 만들어 낸 석축을 보면 이 절집에 인연이 닿았던 사람들의 정성과 세월을 느낄 수 있다.

·당간지주

걸어도 무량수전이 보이지 않고, 어른 보폭보다 높은 계단을 올라 엇각으로 놓인 길을 걸으면 나도 모르게 긴장감에 발길을 멈출 수 없다. 범종루를 지나 노 없는 배로 나루에 배를 대듯 안양루에 들어선다. 고개를 숙이고 안양문을 지나 오르면 합장한 듯 석등이 두 손을 모으고 자리를 비켜 준다.

전설이 살아 숨 쉬는 무량수전

고개를 쳐들어 막 날아오르려 하는 봉황처럼 날갯짓하는 무량수전! 미로 끝에 무량수전이 있다. 긴장감이 풀리고 이제야 겨우 뒤를 돌아볼 여유가 생긴다. 안양루에서 바라보는 세상! 아! 이런 세

·무량수전

상이 있다니! 세상에서 가장 넓은 절집 안마당이 산 너머로 장쾌하게 펼쳐진다. 안양이란 극락을 말한다!

·부석

무량수전 주위로 전설이 살아 숨 쉬고 있다. 무량수전을 왼쪽으로 돌면 부석사를 세울 때 의상대사를 위협하던 무리들을 내쫓을 때 사용한 부석이 놓여 있다. 뒤편 오른쪽 모서리에는 선묘낭자 사당이 조그맣게 마련되어 있다. 그곳에는 천년을 넘어온 스님과 이국소녀 선묘의 사랑 이야기가 담겨 있다. 착할 선에 묘할 묘! 선묘라는 이름이 참 애교 넘친다. 무량수전에는 사랑할 줄 아는 사람들의 전설이 담겨 있다. 무량수전 현판은 노국공주를 죽도록 사랑했던 고려 공민왕의 글씨이다.

수행자의 향기만을 마시는 선비화

·골담초

무량수전 오른쪽 날개를 지나 3층석탑 쪽으로 난 오솔길로 나서면 단아한 조사당이 있다. 조사당은 절을 처음 세운 의상대사를 모신 곳이다. 조사당 처마 밑에는 의상대사가 심은 지팡이에서 났다는 선비화가 자라고 있다. 원래 나무 이름은 골담초이다. 시골에서 자랐다면 그 상큼달큼 신선한 꽃 맛을 알 것이다.

처음 이 나무를 보았을 때는 퇴계 이황 선생이 먼저 남긴 시를 보고도 믿어지지 않았다. 수백 년 된 나무가 이렇게밖에 자라지 않다니... 자꾸 다시 가 볼 때마다 언제나 여전히 비 한 방울 이슬 한 입 마시지 않고 그 자리에 그대로 있는 모습에 무량수전이 주는 감동보다 더한 가슴 찡한 무엇을 담고 그 오솔길을 되짚어 내려온다.

그렇게 부석사에 저녁이 오면 부석사 무량수전 앞 배례석 앞에 단정하게 합장을 한 듯 서 있는 석등에 노을 빛을 담아 본다. 밤이면 등불을 밝히고 낮이면 이제 막 안양문을 지나 천상세계에 올라오는 이들의 마음속의 어두운 욕심과 어리석음을 밝히는 석등은 천년을 그 자리에 서 있다.

지혜를 밝히는 등불! 중생의 어두운 마음을 포근하게 안아 주는 등불! 밤하늘 우주의 빛줄기를 끌어당겨 저 우주를 밝히는 등대가 되는 석등! 마음속 등불을 갖고 싶어 하고 그런 삶을 추구하는 마음에서 만든 것이 석등이 아닐까? 우리나라 불교를 상징할 수 있는 그 어떤 것 하나를 고르라고 한다면, 바로 이 석등을 보여 주고 싶다. ⸸

·무량수전 앞 석등

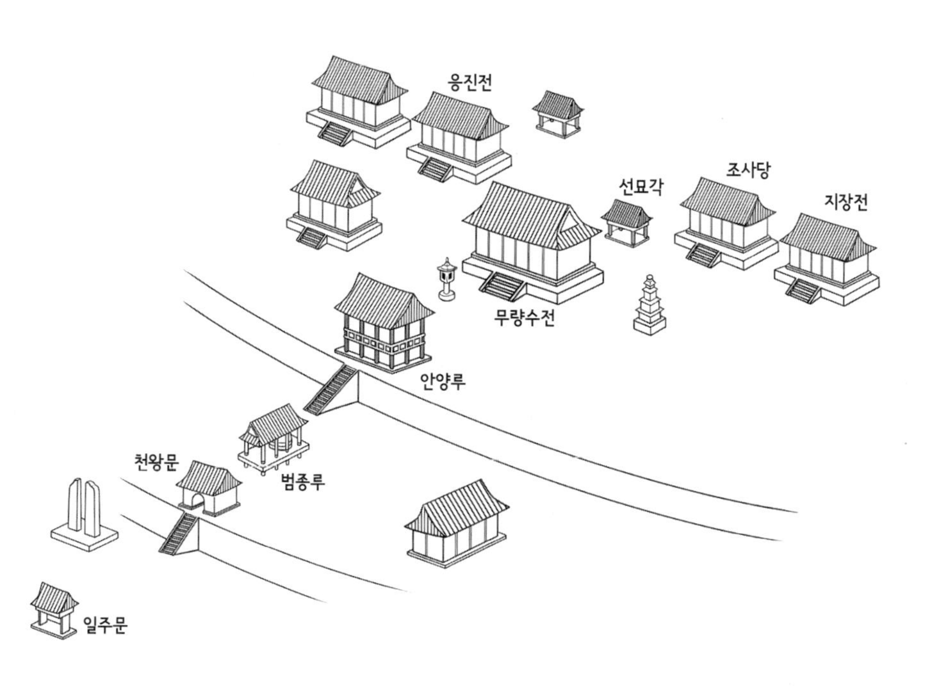

주소: 경상북도 영주시 부석면 북지리 148번지
창건연대: 676년(신라 문무왕 16)
창건자: 의상대사
홈페이지: http://www.pusoksa.org

02

화엄사

· 대웅전

17번 국도를 따라 육중한 지리산을 보며 섬진강을 따라 달리면 구례에 닿는다. 지리산, 섬진강의 수려한 경관! 풍요로운 구례들판을 따라 넘쳐나는 곡식! 구례는 예부터 조선 제일로 인심 좋고 풍요롭고 넉넉한 땅이었다.

지리산 화엄사는 8세기 무렵 신라 경덕왕 때 경주 황룡사에서 수행하던 연기스님이 창건한 천년 고찰이다[1]. 화엄사는 앞으로는 풍요로운 구례 들판을 펼쳐 두고 육중한 지리산 자락에 기대어 앉아 있다.

1) 화엄사의 창건 연대에 대해 의견이 분분했으나 1979년 발견된 「화엄경」 사경으로 인해 신라 경덕왕 시기 창건설이 유력해졌다.

·각황전

열반의 언덕으로 이끄는 보제루

일주문을 들어서면 금강문과 천왕문을 지나 보제루까지 반듯하게 직선으로 이어져 있다. 보제루는 사찰의 스님들이나 신도들의 집회를 위해 쓰이는 공간으로, 세상의 모든 중생을 제도한다는 의미이다. 2층 누각으로 된 맞배지붕에 장식도 단청도 하지 않아서 나뭇결에서 저절로 단청이 배어나올 것만 같은 절제미를 느끼게 한다.

각황! 깨닫고 일깨우는

오랜 역사에 걸맞게 화엄사에는 많은 국보와 보물들이 있다. 그중 각황전은 화엄사의 얼굴이라 할 수 있다. 각황전은 우리나라 사찰 건축물 중에서도 규모가 가장 크며 안정감과 조화로움으로 지리산의 위엄을 그윽하게 담아 내고 있다.

본래 각황전이 있던 자리에는 3층으로 된 장륙전이 있었다. 이것은 사방의 벽에 화엄경이 새겨진 돌로 장식된 건물이다. 장륙전은 임진왜란 때 파괴되었는데 숙종이 지원하여 건물이 중건되었다. 화엄사에서 잔심부름을 해 주며 끼니를 이어 가던 노파가 숙종 임금의 딸로 환생하여 각황전 중건 불사를 도왔다는 전설이 지금까지 전해지고 있다. 숙종 임금이 각황전이라는 이름을 직접 지어 내렸으며, 부처님은 깨달은 왕이란 뜻과 임금님을 일깨워서 중건하였다는 뜻 모두 가지고 있다.

임진왜란 당시 큰 화를 당했던 화엄사는 한국전쟁 당시에도 사라질 뻔했다. 지리산 일대는 빨치산 활동이 활발했던 지역이었다. 화엄사는 빨치산의 은신처로 사용되었고, 1951년 5월 화엄사 소각 명령이 내려졌다. 그러나 당시 차일혁 총경이 각황전 문짝만을 뜯어 불태우고 사진을 찍었다. 그리고 화엄사를 소각한 것으로 작전을 보고해서 화엄사를 지켜 냈다.

마음을 닮은 등불

각황전 앞에는 통일신라 때 만들어진 우리나라에서 가장 큰 석등이 서 있다. 크지만 비대하지 않고 단정하며, 우쭐하지 않고 아주 섬세하다. 보통의 석등은 두 손을 합장한 듯 부드러우면서 단정하고 정갈한 모습인 데 비해 화엄사 석등은 그렇게 장쾌할 수가 없다. 마치 밤하늘에 빛나는 은하수 너머까지 부처님의 불법을 쏘아 올리고 있는 듯한 모양이다. 보고 있으면 절로 기분이 좋아진다. 닮고 싶어진다. 석등은 마음을 닮은 등불이다.

·각황전 앞 석등

각황전 뒤로 난 백팔계단을 오르면 효대로 이어진다. 효대에는 옛날 중학교 국어교과서에도 실려 있어 잘 알려진 사사자삼층석탑이 있다. 탑은 원래 부처님의 진신사리를 모신 곳이다. 동서남북을 네 마리 사자로 둘러 지키게 하고 합장을 하고 있는 스님으로 3층석탑의 기단을 만든 석공은 무슨 마음을 담았던 것일까?

효대에서 무릎을 꿇고

사사자삼층석탑 앞에는 독특한 모양의 석등이 있다. 불을 밝히는 화사석 아래 3개의 기둥으로 된 간주석 안에 찻잔을 들고 공양하는 모습으로 서 있다. 마주하고 있는 사사자삼층석탑 속의 합장한 스님과 석등 속에서 무릎을 꿇고 찻잔을 들어 공양을 올리는 모습을 두고 연기스님이 어머니의 극락왕생을 비는 모습이라는 전설이 전해 내려온다. 이러한 가슴 뭉클한 이야기를 만들어 내는 이 공간을 대각국사 의천스님이 이곳에 들러 읊은 시에서 효대라고 불러 지금의 이름이 되었다.

·사사자삼층석탑

무릎을 꿇고 공양하는 이가 연기조사인지 어머니인지 의견이 분분하지만, 돌아볼수록 애틋한 공간이다. 스님이 된 아들에게 합장하는 어머니든, 어머니의 극락왕생을 두 손 모아 합장하고 있는 스님이든 참으로 아름답다. 화엄사에 가면 반드시 아이들의 손을 잡고 효대에 올라 서로 자리를 바꾸어 연출해 보시길… ‡

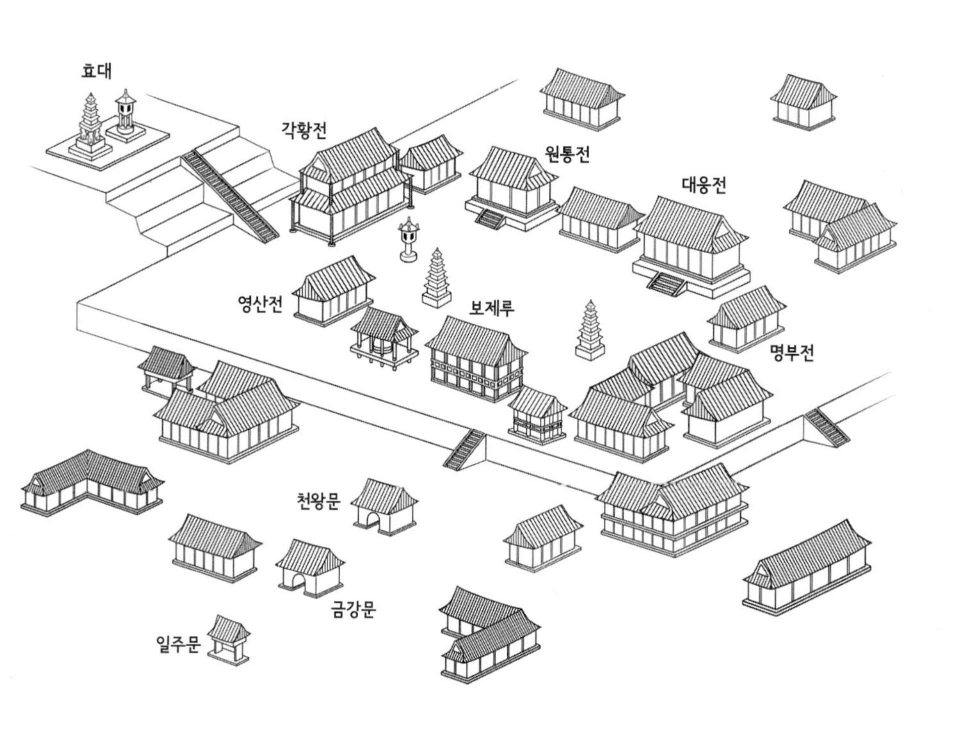

주소: 전라남도 구례군 마산면 황전리 12
창건연대: 754년 전후(신라 경덕왕 13)
창건자: 연기조사
홈페이지: http://www.hwaeomsa.org

03 쌍계사

·벚꽃길

꽃피는 봄날 나들이에 지리산 쌍계사 가는 길만큼이나 좋은 곳이 있을까! 상춘객들의 번잡함을 피해 새벽녘에 지리산을 끼고 도는, 섬진강을 따라 펼쳐진 쌍계사 벚꽃길은 수행자에게도 깨달음이라는 숙제마저 잊게 하는 속세의 극락길이리라.

쌍계사는 722년 신라 성덕왕 때 의상대사의 제자였던 삼법스님과 대비스님이 창건하였다. 두 스님은 중국 선종의 육조 혜능스님의 정상(머리)을 모시고 귀국했다가 꿈속에서 지리산 눈 쌓인 계곡에 칡꽃이 핀 자리에 모시라는 계시를 받고서 이곳에 이르렀다고 한다.

차를 공양하다

쌍계사는 전통 차로도 유명하다. 828년 신라 흥덕왕 때 당나라 사신으로 갔던 김대렴이 처음 차나무 씨를 가져왔다. 차나무 성장에

·차시배지 (쌍계사 제공)

더없는 조건을 갖춘 지리산에 작설차를 처음 들여와 재배한 곳이 바로 쌍계사 계곡이다. 화개에서 쌍계사로 들어오는 길 주변에는 우리나라에서 처음 차를 재배한 차시배지가, 매표소 근처에는 차시배추원비가 있다. 지금은 쌍계사를 중심으로 화엄사를 비롯해 연곡사 일대 지리산 주변에 차밭이 형성되어 있다. 설날 차례를 올린다는 말은 술 대신에 차를 공양한다는 말이다. 차 문화는 오래전부터 우리의 생활 속에 깊이 자리했다.

작설차는 차 잎의 모양이 참새 혓바닥 같다고 해서 참새 작雀 자에 혀 설舌 자를 쓴 것이다. 참새 혀를 몇 사람이나 눈여겨보았을까 싶은 귀엽고도 깜찍한 이름이다. 차 한잔의 여유와 느린 발걸음 속에서 두고두고 입 안에 가득 배어 나오는 그윽하고 은은한 차 맛은 천년 고찰의 깊은 멋과 향을 더해 준다.

·일주문 편액

구성미가 돋보이는 예서체로 삼신산 쌍계사라고 써진 일주문의 편액이 마음을 단정하게 한다. 금강문, 천왕문을 지나 팔영루를 지나면 대웅전에 들어서게 된다. 일주문 현판뿐만 아니라 천왕문, 팔영루, 대웅전과 명부전, 적묵당 등 쌍계사 편액들의 글씨를 보는 것만으로도 비 온 뒤의 계곡물처럼 마음을 시원하게 씉어 준다. 홈페이지에 들러 주련들에 쓰인 글귀를 읽고 온다면 더없는 마음공부가 되리라.

팔영루, 범패의 발상지

·팔영루 (쌍계사 제공)

팔영루는 불교에서 재를 올릴 때 쓰는 음악인 범패의 발상지로 유명하다. 쌍계사를 번창시킨 진감선사 혜소는 중국 당나라에서 불교음악을 공부하고 돌아와, 섬진강에서 뛰노는 물고기들을 보고 팔음률을 만들어 팔영루라는 이름을 지었다고 한다. 지금도 물이 많은 여름날에는 바로 앞 계곡의 송사리들이 한가롭기만 하다.

팔영루 앞 쌍계사 9층석탑은 1990년에 새로 세운 탑이다. 스리랑카에 석가모니의 진신사리를 가져와 모셔 두었다. 뜻을 모은 이들이 쓴 역사가 새롭게 시작되었다.

석공? 부처님!

쌍계사에서 놓치지 않고 봐야 할 유물이 뭐냐고 물으면 전문가들은 대웅전 앞에 있는 진감선사탑비를 꼽는다. 비문은 통일신라 진성여왕 때 최치원이 쓴 것이다. 세월이 흘러 많이 마모되었지만, 보통 사람들의 눈으로 보더라도 아주 잘 쓴 명필 글씨다. 가늘고 섬세한 해서체의 필획 하나하나까지 어떻게 이렇게 종이 위에 쓰듯 돌 위에 새겼는지 석공의 정성과 솜씨에 마음이 뭉클해진다. 비석에 새겨진 글씨를 가만히 보고 있으면, 이 정도 경지라면 대웅진 안에 있어야 꼭 부처님인가 하는 누군가의 말씀에 절로 동감하게 된다.

· 진감선사탑비

· 진감선사탑비 세부 (쌍계사 제공)

팔영루 옆 계곡을 건너면 쌍계사 초창기의 터로 추정되는 곳에 육조정상탑을 모신 금당과 청학루와 팔상전이 있다. 금당 앞에는 추사 김정희 선생이 쓴 육조정상탑과 세계일화조종육엽 현판이 있다.

이처럼 쌍계사에는 우리 한국 전통문화의 정수라고 할 수 있는 문기가 곳곳에 배어 있다. 전근대 사회에서 승려는 종교적 구도자 이전에 그 시대의 철학자이자 지식인이었다. 한국 선불교의 맥, 최치원과 추사의 글씨, 현판 글씨, 범패 그리고 지리산 작설차까지 이 모든 것이 담겨 있고 느낄 수 있는 곳이 쌍계사이다.

산사에 잠시나마 머물 수 있다면 제대로 보고 느낄 수 없더라도 마음 둘 곳 하나는 만나게 된다. 산사를 나서 발길을 재촉하지 않아도 된다면, 섬진강 나루와 피아골에 있는 연곡사 승탑을 둘러보시길. 남해의 해풍 내음이 배어 있는 이곳 남도 지리산과 두고두고 더없는 인연이 이어질 것이다. ⸸

·연곡사 동 승탑

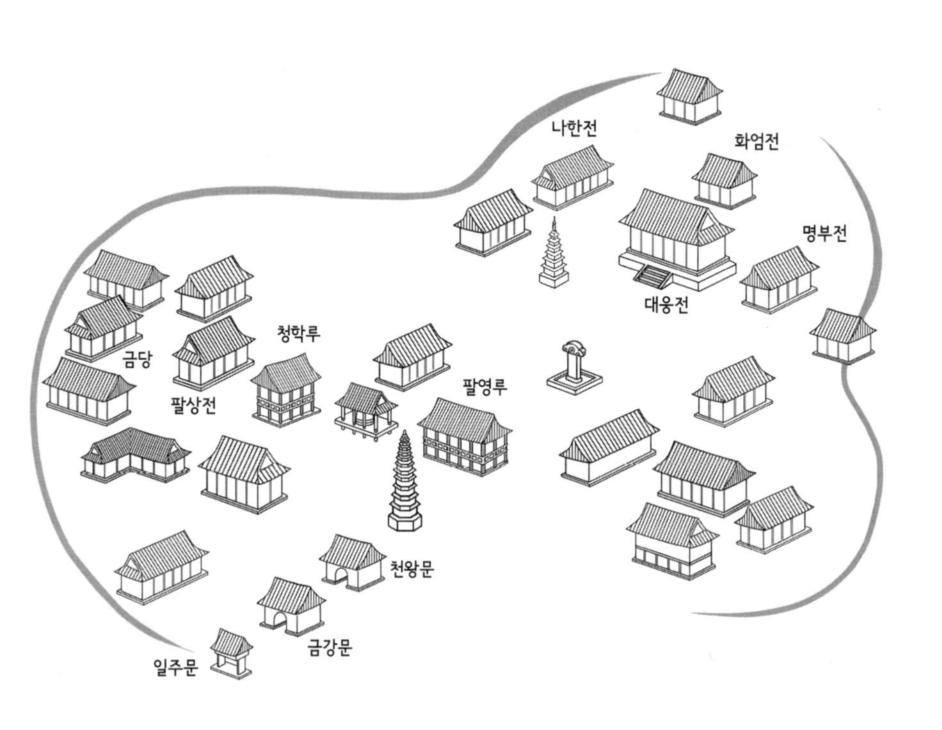

주소: 경상남도 하동군 화개면 운수리 208
창건연대: 722년(신라 성덕왕 21)
창건자: 삼법스님, 대비스님
홈페이지: http://www.ssanggyesa.net

04

송광사

大雄寶殿
일기도접수

송광사가 있는 조계산은 땅이 부드럽고 흙이 많아 참나무, 소나무, 고로쇠나무 등 다양한 수목이 어우러져 있다. 계곡을 따라 굽어진 길을 따라 들어가다 보면 사방을 산이 감싸안고 태양이 고루 비치는 터에 만인을 품어 주는 송광사가 나온다.

비가 와도 젖지 않는 절집

송광사는 불, 법, 승의 삼보사찰 중에서 고려 시대 16명의 국사를 배출한 우리나라 조계종의 중심이 되는 승보사찰이다. 지금도 대웅전의 위용에서 느껴지듯 규모가 크지만 1950년 한국전쟁 이전에는 80여 채가 넘는 큰 절집이었다. 아무리 비가 내려도 맞닿은 처마 사이로 다니면 회랑을 다니듯 옷을 젖지 않고 사찰 안을 돌아다닐 수 있을 정도로 컸다.

송광사는 처음 신라 말 길상사라는 이름으로 혜린선사가 창건하였다. 통일신라와 고려 시대는 우리 역사에서 불교가 가장 번창했던 시기였다. 고려 후기에는 사찰이 많은 토지와 노비를 소유하였다. 불교는 일반 백성을 위하기보다는 집권세력과 밀접한 관계를 맺어서 많은 폐해가 나타났다. 교리적으로도 교종과 선종 간에 대립이 심하였다. 교종에서는 경전 연구를 하는 자가 혜학에만 치우치고, 선종에서는 참선을 통한 깨달음만을 강조하였다.

이러한 혼란한 상황에서 지눌스님은 새로운 불교신앙운동으로 정혜쌍수定慧雙修를 주장하였다. 참선을 통해 정신적 통일을 이룬 선정의 상태 '정'과, 사물의 본질을 꿰뚫을 수 있는 지혜를 닦는 '혜' 즉, 정과 혜를 한쪽으로 치우침 없이 수행해야 한다는 것이다. 지눌스님은 단박에 깨달은 후에도 깨달음의 경지를 잃지 않기 위해 점진적으로 수행을 계속해야 한다는 돈오점수頓悟漸修를 주장하였다. 이 사상은 한국 불교의 수행의 요체로 큰 영향을 미치고 있다.

척주각과 세월각

사찰 입구에 있는 계곡 위로 놓인 청량각을 건너며 마음을 씻는다. 계곡물을 따라 오르다 보면 포근한 조계산에 널따랗게 살포시 안겨 있는 송광사가 자리하고 있다. 계곡물에 발을 담그고 있는 임경당과 우화각이 빚어내는 멋진 풍광에 일주문에 바로 들어가지 못하고 징검다리를 몇 번이나 오가게 된다.

일주문 안으로 들어서면 다른 절에서는 보기 힘든, 아주 작은 한 칸짜리 척주각과 세월각이 있다. 죽은 이의 위패를 사찰에 모시기 전에 마지막으로 혼령의 세속의 때를 씻는 곳이다. 구슬을 씻는다는 척주각에는 남자를, 달을 씻는다는 세월각에는 여자를 모신다.

피안교를 건너 일주문, 금강문, 천왕문까지 몇 번이나 마음을 닦고, 신들에게 마음의 때를 내보이며 검문을 받으며 가는 이승에 사는 사람들보다 더 씻을 것이 많은가!

· 척주각과 세월각 (송광사 제공)

석탑 없는 대웅보전

어느 사찰이든 대웅전 앞에 석탑이 있는 것이 기본적인 양식인데 송광사에는 대웅보전 앞에 석탑이 없다. 대신에 대웅보전 뒤쪽에 참선공간을 두어 선종사찰의 모습을 보다 명확히 하고 있다.

관음전 뒤편으로, 마음을 바로하고 올라가지 않으면 넘어질 것 같은 계단을 오르면 보조국사 지눌스님의 것으로 알려진 승탑이 있다. 이 승탑 앞에 서면 날갯짓하는 송광사의 전각들을 눈 아래 두고 다 굽어볼 수 있다. 법상에 앉아 제자들에게 설법을 하던 중에 열반에 들었던 보조국사 지눌스님이 가부좌한 채 화두를 건네는 듯 단정한 이 승탑에 자꾸 정감이 간다.

·석탑이 없는 대웅보전 앞마당

지눌스님이 모셨던 목조삼존불감

송광사 성보박물관에는 9세기경에 만들어진 보조국사 지눌스님이 모시던 아름다운 목조삼존불감이 있다. 불감이란 조그마한 불당이다. 부처님을 모시는 전각처럼 방과 같은 공간을 만들어 그 안에 불상을 모신 것이다. 휴대용 보온병 크기로 스님들이 법당에서 부처를 모시지 못하는 외출 시에 늘 소지하고 다니면서, 가는 장소 어디서든지 펼쳐서 부처님께 예배하기 위하여 만든 이동식 법당이다.

팔각 원동형을 반으로 나누어 반쪽은 중앙 감실로 삼고, 나미지 반을 다시 2개로 중앙 감실 양쪽에 경첩으로 연결했다. 열면 3개의 감실로 된 법당이 펼쳐진다. 각각의 감실에는 중앙에 부처를, 양쪽에는 보살을 조각하였다. 한 덩어리의 나무를 조각한 솜씨가 너무 섬세하여 마치 여러 부분으로 나누어 조각한 듯 그 솜씨가

·목조삼존불감

신기할 뿐이다. 부처님과 보살상, 사자상의 얼굴은 온화하고 부드럽지만 어딘지 이국적인 분위기를 느끼게 하여 한동안은 국적문제에 휩싸이기도 하였다. 고려 최고의 어른인 보조국사 지눌스님이 모셨던 불감이었으니 뛰어난 장인이 얼마나 정성스럽게 만들었을 것인지 가히 짐작할 수 있다.

수많은 고승을 배출해 냈고, 지금도 중생을 구제할 많은 스님을 길러내는 송광사는 오로지 수행에 정진하도록 계율이 엄격하다. 요즘처럼 방송미디어가 발달하고 스마트 TV와 3D TV가 유행하는 세상에도 송광사에는 여태까지 TV 한 대 없었다고 한다. 그래서인지 어느 사찰보다도 구석구석 가지런하고 단정하다. 절간 곳곳이 스님들이 수행하는 도량처인지라 일반인들의 출입을 금지하는 푯말이 유난히 많이 세워져 있다.

그렇지만 출가인지 가출인지도 모르고 헤메는 어린 소녀의 마음을 달래 집으로 돌려보내 주고, 먼 길을 떠나온 나그네에게는 쉬어 차 한 잔을 마시며 한담을 나눌 줄 아는 절간이 송광사의 깊은 마음이다. ❦

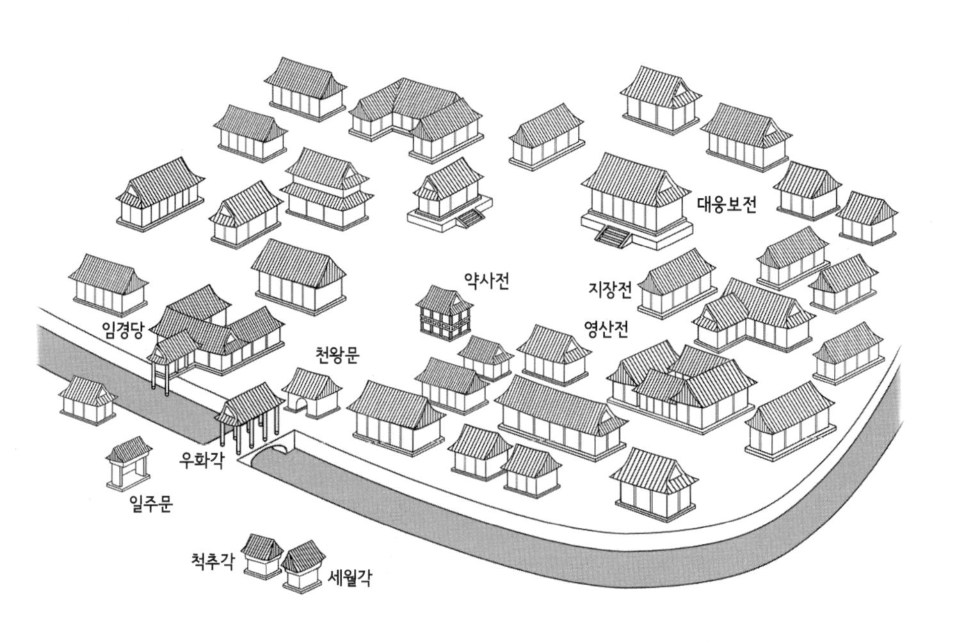

주소: 전라남도 순천시 송광면 신평리 12
창건연대: 신라 말
창건자: 혜린선사
홈페이지: http://www.songgwangsa.org

05 선암사

처음에 혼자였다면 다음에 누군가에게 꼭 보여 주고 싶은 곳! 우리나라에 산이 많은 만큼 산사들도 많지만 동구 밖에서 외갓집을 찾아가는 듯 정감 어린 이런 길이 어디 있을까! 계곡을 따라 고요함을 즐기다 잔잔히 흐르고 여럿이 모였던 물이 바위를 타고 부서지며 내릴 때는 같이 걷는 동행의 말소리까지도 씻어 준다. 산사로 가는 호젓하고 즐거운 길로 선암사만 한 데도 없으리라.

무지개다리 승선교

·승선교

영혼까지도 맑게 해 주는 편백나무를 두른 승탑밭을 지나면 우리에게 너무도 익숙한 무지개다리 그림이 펼쳐진다. 한국의 산사를 상징하는 아름다운 무지개다리인 승선교 아래로 들어서면 신선들의 세계로 통한다.

절 초입에 계곡물을 건너는 것은 속세의 때를 씻어 내는 것이다. 단박에 부처님 세상으로 달려가야 하지만, 속세에서 바라보는 저 신선의 세계가 더 좋아 차마 건너가지 못하고 머뭇거린다. 그냥 여기 어디쯤에 마음을 두고 싶어진다. 머뭇거리던 마음이 맑아진다. 맑은 계곡물이 무지개다리로 만들어 낸 동그란 거울 저 건너 강선루에서 바라보고 있을 것 같은 또 다른 나를 좇아 무지개다리를 건너간다.

조계산은 흙이 많아 포근포근하다. 수목들이 계곡 가까이 우거져 수량도 풍부해 물 흐르는 소리가 편안하고 아름답다. 강선루를 지나면 길은 삼인당 연못가 위로 굽어진다. 겨울이면 하얀 차꽃을 피어 내는 언덕진 아담한 차밭을 돌아서야 절집이 모습을 드러낸다.

사천왕이 지키지 않아도 되는 절집

오랜 세월을 누린 듯한 돌계단을 오르면 일주문이 나온다. 배흘림기둥에 화려한 공포를 한 일주문에는 단아한 산사의 분위기를 그대로 품은 듯한 해서체로 조계산 선암사라고 쓴 현판이 걸려 있다. 선암사에는 천왕문과 금강문, 인왕문 등이 없다. 바로 범종루로 이어진다. 검색대가 없는 공항처럼 어느 절집보다도 편안한 분위기를 자아내는 선암사! 금강역사나 사천왕들이 굳이 지키지 않아도 되는 절집이다.

·일주문 (선암사 제공)

선암사는 고구려의 승려였던 아도화상이 창건했다는 설과 통일신라 말에 활동한 도선국사가 창건했다는 설이 있다. 대웅전 앞 양쪽에는 통일신라 말기 양식으로 보이는 3층석탑이 세월을 지키며 서 있다. 그래서 도선국사 창건설이 더 지배적이다.

마당이 좋은 대웅전

마당이 좋다. 순조 때 중창한 단아하면서도 정중하고 편안한 대웅전과 맞은편 만세루가 햇살을 받들어 내는 마당이다. 바위를 다듬어 마애불을 만들듯 잠시 마음을 다듬기에 더없이 좋은 공간이다. 대웅전 마당에는 괘불대가 있다. 말 그대로 법회 때 괘불을 걸기 위해 만든 돌로 만든 지주이다. 사찰 입구에 있는 당간지주와 구별해야 한다.

·대웅전

매화향에 돌담이 주저앉을 듯...

대웅전 뒤로 계단을 올라서면 마치 오래된 시골 마을을 걷는 듯한 기분이 든다. 선암사 경내를 돌다 보면 꾸밈없는 모습에 마음을 스스럼없이 내려놓게 된다. 이른 봄 원통전 돌담 너머에 있는 수령

600년이 넘은 선암매와 고목나무 매화들이 무우전 고샅길 돌담과 어우러질 때면 수행이 무엇이고 극락이 어디 따로 있으랴! 이른 봄날 기와 돌담 너머로 가지를 뻗어 오랜 문자향을 내미는 백매화, 홍매화에도 마음을 내지 않고 방 안에 앉아 참선만을 좇는다면 수행이 무슨 의미가 있으리오.

선 굵은 고목에 핀 매화가 품어내는 향기에 돌담이 주저앉을 듯하다. 봄날 매화를 찾아 떠나 본 적이 없다면, 선암사 홍매화축제 때 꼭 한번 다녀가 볼 일이다. 화재가 빈번하여 원래 경내에 석등이 없었다는 선암사! 그러나 매화가 피어나는 봄밤은 환하기만 하다.

크게 깨닫다

송광사로 넘어가는 뒷길로 조금 올라가면 대각암이 나온다. 대각국사 의천스님이 크게 깨달았다고 해서 지은 이름이다. 의천스님은 고려 시대에 왕자로 태어나 승려가 된 인물이다. 그는 부처님 말씀 즉 경전에 대한 참고서라고 할 수 있는 연구주석서를 총망라하여 하나의 대장경을 만들었다. 의천스님은 이곳 선암사에 머물면서 사찰을 크게 일으켰다. 그래서 선암사 박물관에는 우리나라에서 가장 오래된 대각국사 의천스님을 그린 초상화와 의천스님이 입었던 가사가 지금도 전해지고 있다.

·해우소 (선암사 제공)

대각암에서 지금은 고시생들이 공부를 하고 있는 듯하다. 청춘을 바치고 있는데 왠지 그들에게서 자유로움이 느껴진다. 선암사 경내 주변 여기저기 남겨진 이름 모를 승탑들이 자유를 만끽하라고 하는 듯하다. 사찰에서는 화장실을 해우소라고 한다. 선암사에는 육체의 찌꺼기를 쏟아낼 때의 무게로 근심까지도 잴 수 있는 아름다운 해우소가 있다.

권위를 날려 보낸 선암사

사찰은 궁궐이다. 3개의 문을 거쳐 한 점 흐트러짐 없이 정중앙에 대웅전 같은 금당이 자리를 잡고, 공간과 공간 사이에 엄격한 구별이 있다. 선암사에는 애시당초 이런 것들이 없다. 무지개다리 너머는 모두에게 편안한 세상이다. 일주문만 지나면 천왕문도 금강문도 없어 마음에 거칠 것이 없다. 대웅전 앞마당에는 권위는 다 날려 보내고 하늘만 가득 담고 있다. 봄이면 그마저 초록빛에

게 다 내주고 만다. 대웅전 뒤쪽으로 전각들 사이로 나무와 꽃들과 키 낮은 돌담이 만들어내는 신들의 안식처! 돌담 사이로 퍼지는 매화향을 따라 물 빠진 회색 승복을 입고 스님이 나선다. 고무신에 괭이를 메고 미소를 머금은 채 뒷담 너머 차밭에 나서는 스님의 뒷모습이 보는 사람을 행복하게 만든다.

겨울 내내 보고 싶어 가슴이 아파도 좋은, 남쪽에서 매화 소식이 오면 마음이 아려 찾지 않고는 못 견딜 행복한 매화통이 시작될 것이다. 그리고 이제 끝나지 않은 이야기가 이어진다. 선암사는 그렇게 다녀갔으면 좋겠다. ✝

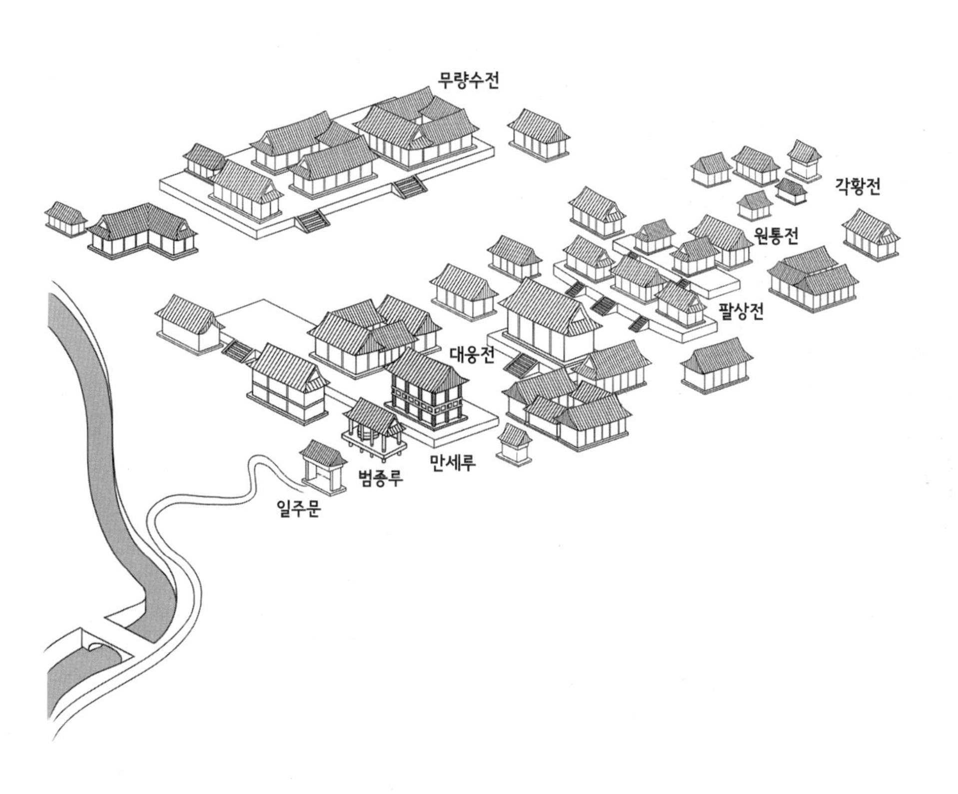

주소: 전라남도 순천시 승주읍 죽학리 산802
창건연대: 542년(신라 진흥왕 3) 혹은 875년(신라 헌강왕 1)
창건자: 아도화상 혹은 도선국사
홈페이지: http://seonamsa.net

06 금산사

彌勒殿

인류의 구세주는 어디에서 올까? 우리 땅의 구세주는 어디서 오실까? 이 땅의 우리 선조들이 기원했던 구세주는 아마도 산에서 오시는 것 같다. 높고 낮음을 떠나 산은 이 땅의 사람들에게 영혼의 안식처이자 구세주가 강림하고 머무는 곳인 듯하다. 단군왕검이 태백산으로 내려왔고, 문수보살도 미륵불도 모두 산에 머문다.

구세주 미륵불

김제평야를 굽어굽어 살피는 금산사가 있는 모악산은 우리나라에서 유일하게 지평선을 바라볼 수 있는 곳이다. 우리나라 최대의 곡창지대인 호남평야는 한여름이면 그늘 하나 드리울 곳 없이 넓디넓은 평야지대이다. 그런데 곡식이 많이 생산되어 먹고살 만했을 김제평야에서 왜 그토록 다른 부처도 아닌 구세주라고 말하는 미륵불을 기다렸을까!

미륵불이란 석가모니부처가 입적한 뒤 56억 7천만 년 뒤에 석가모니가 미처 구하지 못한 중생들을 구제하기 위해 온다고 하는 미래에 올 부처님이다. 기독교의 메시아와 같은 의미이다.

버들가지에 묶인 개구리

금산사는 599년 백제 법왕의 복을 빌기 위해 처음 지어졌다. 766년 신라 혜공왕 때 진표율사가 중창을 하면서 크게 융성하였다. 진표율사는 금산사의 상징인 미륵전을 세우고 미륵장륙상을 조상하였다. 진표율사의 동화 같은 아름다운 출가 이야기가 지금도 전해 내려오고 있다.

진표율사는 신라 성덕왕 때 지금의 김제군 만경면 대정리에서 태어났다. 어린 시절 친구들과 들로 산으로 사냥을 다니면서 재미있게 놀았다. 어느 날 물가에서 개구리를 잡아서 버들가지로 입과 코를 꿰어 산 채로 냇가에 담가 두었다. 사냥을 마치고 돌아가는 길에 집으로 가져가려 했던 것이다. 그런데 그만 깜박 잊어버렸다.

다음 해 봄, 그는 우연히 그곳을 지나다 버들가지에 묶인 채 아직도 울고 있는 그 개구리를 발견하고 깊은 사색에 잠겼다. 저 울음소리는 무엇인가? 겨울잠은 어떻게 잤을까? 생명이란 무엇일까? 자신도 모르게 모악산 금산사로 발길을 옮기고 출가 결심을 한 소년 진표는3년 동안 부모님을 극진히 모신 후 출가하였다. 그는 금산사에 미륵불을 모시고, 미륵사상을 기반으로 하는 법상종을 열었다.

견훤의 아픔

금산사는 후백제를 세운 견훤과 인연이 깊다. 사찰 입구에는 견훤이 쌓았다는 견훤성문이 남아 있다. 무엇보다도 금산사는 견훤이 장남인 신검에게 왕위를 빼앗기고 감금되었던 역사적인 장소이다.

견훤은 막내아들 금강을 가장 총애해 왕위를 물려주려 했으나 장남인 신검과 동생들이 금강을 죽이고 아버지 견훤마저 왕위에서 물러나게 한다. 견훤은 금산사에 석 달 동안 갇혀 있다가 시대의 라이벌인 고려를 세운 태조 왕건에게 귀순하여 몸을 의탁한다. 배신한 아들을 처단하기 위해서 자신이 세운 나라 후백제를 무너뜨리는 형국이 되었다. 왕건은 후백제군을 쉽게 무너뜨리고 신검을 사로잡는다. 그러나 왕건은 신검을 용서하고 두 동생만을 처형한다. 이 소식에 견훤은 화병으로 등창이 생겨 개태사에서 숨을 거두었다고 한다.

· 미륵전

금산사의 상징 미륵전

금산사를 상징하는 건축물은 미륵전이다. 넓은 마당에 가을 감나무 단풍과 잘 어울리는 3층으로 된 목탑 형식으로 지은 금당이다. 안으로 들어가면 3층까지 내부가 트여 있는 통층 건물이다. 부처님 얼굴이 보이지 않아 천장을 한참 올려다보면 깜짝 놀랄 정도로 거대한 미륵불이 너그럽고 인자한 모습으로 굽어보고 있다. 삼존불이 모두 앉아 있지 않고 서 계신다. 구세주는 그렇게 서서 오실 것 같다.

·방등계단

미륵전 뒤쪽 언덕에는 방등계단이 있다. 수계의식을 행하는 계단은 양산 통도사와 이곳 금산사 두 곳뿐이다. 방등계단을 수호하고 있는 사천왕상이 엄격하기보다 부드러운 인사를 건네는 경비병처럼 정겹다. 하층 기단의 난간 역할을 했던 돌기둥에는 여러 가지 인물을 조각해 놓았다. 차마 계단을 넘어설 수 없지만, 키 작은 수호신들이 손을 잡아줄 듯하다.

석련대에는 무엇을 모셨을까?

·석련대

방등계단을 돌아 미륵전 마당으로 내려오면 두 팔을 벌려도 넘치는 거대한 석조물이 고요히 앉아 있다. 불상을 모셨던 것으로 보이는 석련대이다. 두 겹으로 피어 있는 연꽃과 중대와 하대를 따로 조각한 듯하지만 하나의 바위를 조각한 아름다운 석조물이다. 석련대만으로도 완벽한 작품이다. 석련대 위에 무엇을 모셨을까, 어떤 모습일까? 아니 무엇을 내려놓았을까!

상상하는 재미를 더하는 것이 또 있다. 무엇인가를 잃어버린 것 같은 노주석이다. 전체적인 규모로 보아 탑은 아닌 것 같다. 중간에 화사석이 놓였다면 아름다운 석등이었을 듯하지만, 지금 그 모습으로도 독특한 분위기를 준다. 무엇이었을까?

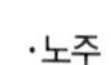

·노주

금산사에는 상상하는 즐거움이 있다. 절 구석구석이 상상할 거리들로 가득하다. 이곳에서 나만의 이야기를 만들어 보는 것은 어떨까? ☦

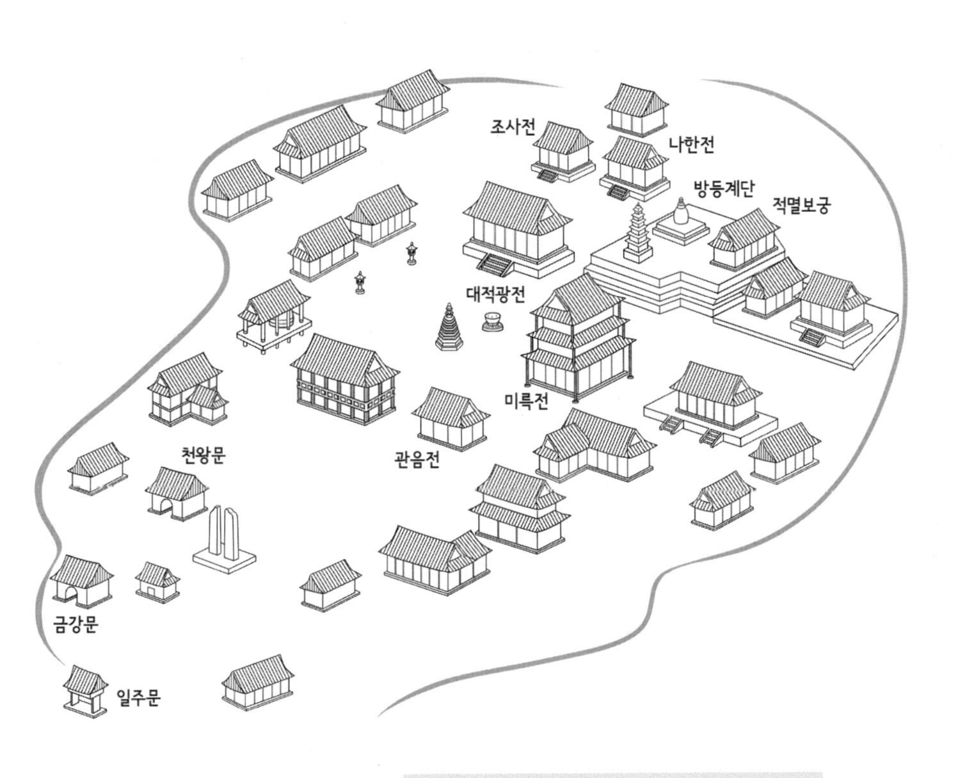

주소: 전라북도 김제시 금산면 금산리 39
창건연대: 599년(백제 법왕 1)
창건자: 미상
홈페이지: http://www.geumsansa.org

07
수덕사

덕숭산 수덕사는 충청도에서 가장 살기 좋다고 하는 내포 땅이라 불렸던 예산에 위치해 있다. 내포 지역인 아산, 서산, 홍성, 예산은 예로부터 비산비야非山非野의 구릉지대였고, 바다도 가까이 있어서 소금과 물산도 풍부한 곳이다.

수덕사는 백제 말엽에 창건되었다고 진한다. 정확한 기록은 없다. 다만 600년(무왕 1년)에 대웅전을 지었고 이때 담징이 벽화를 그렸다는 기록이 있다.

옴마니 반메훔! 연꽃 속의 보석이여!

금강문에 들어서면 금강역사가 양쪽에서 근엄한 얼굴로 내려다본다. 아금강역사와 훔금강역사이다. '아'와 '훔'을 동시에 하면 '옴'이라는 소리가 된다. 옴은 우주의 처음과 끝을 나타내는 소리로, 보통 진언을 할 때 나온다.

옴마니 반메훔! 드라마나 영화에서도 가끔 등장하는 진언이다. 진언이란 부처님의 깨달음이나 마음속의 소원을 나타내는 말로, 불교의 진실하고 거짓이 하나 없는 주문이다. 여러 가지 재앙이나 병, 위급한 상황이 닥쳤을 때 관세음보살을 부르는 주문이다. 이 진언을 외우면 관세음보살이 지켜 준다고 한다. '옴, 연꽃 속의 보석이여, 훔'이란 뜻이다.

수리수리 마하수리 - 입을 깨끗이 하다

제일 유명한 것은 손오공이 외우는 진언이다. '수리수리 마하수리 수수리 사바하!' 세 번을 외우는데 이것은 정구업진언이라고 한다. 천수경에 나오는 진언으로, 독송을 하기 전에 입을 깨끗하기 위해 외우는 주문이다. 말을 함부로 하고 잘못 내뱉어서 만든 업보들이 얼마나 많은가... 입을 깨끗이 한다는 의식이 마음을 끌어당긴다. '좋은 일이 일어날 것이다, 아주 좋은 일이 일어날 것이다, 참으로 기쁘다' 라는 의미로 연꽃처럼 맑은 진언이다. 불자들이 수시로 반야심경을 외우듯이, 마음을 내뱉는 입을 깨끗이 한다는 의미만을 새기며 걸어 본다.

가장 오래된 고려의 건축물

반듯한 넓은 마당 위 가장 높은 단 위에 위치한 대웅전은 수덕사에서 가장 오랜 역사를 안고 있는 건축물이다. 덕을 닦는다는 수덕사의 얼굴처럼 겸손하고 단정하게 앉아 있다. 안동에 있는 봉정사 극락전, 영주에 있는 부석사 무량수전과 함께 우리나라에서 가장 오래된 고려의 건축물이다.

단지 오래된 건축물로서의 가치를 떠나 너무도 단아하고 아름답다. 고려 사람들의 건축에 대한 안목을 잘 보여 준다. 정면 3칸,

측면 4칸이지만, 정면의 칸을 넓게 지어 실제 모양은 거의 정사각형에 가깝다.

수덕사 대웅전은 안정감 있는 배흘림기둥을 하고 있다. 배흘림기둥은 기둥의 약 3분의 1 지점이 가장 굵고, 위 아래로 갈수록 얇아진다. 민흘림기둥은 기둥 아래 부분이 가장 굵고 위로 올라갈수록 얇아진다. 배흘림기둥은 민흘림기둥보다 더 오래된 건축양식이다.

백 번 이상 먹줄을 그어야

배흘림기둥은 안정감과 아름다운 시각적 효과를 주기도 하지만 기둥을 만드는 과정에서도 민흘림기둥에 비해 훨씬 더 많은 정교함과 수고로움이 필요하다. 솜씨 좋은 목수들은 민흘림기둥을 만들 때 먹줄을 먹이지 않고도 기둥을 다듬는다고 한다. 그러나 배흘림기둥은 백 번 이상 먹줄을 그어야 기둥 하나를 깎을 수 있다.

수덕사 대웅전은 배흘림기둥 위로 단아한 주심포양식에 맞배지붕을 하고 있다. 주심포란 지붕의 무게를 분산시키는 역할을 하는 공포를 기둥 바로 위에 하나만 두는 것이다. 반대로 다포는 기둥과 기둥 사이에 공포를 또 설치한 양식을 말한다. 현대로 올수록 지붕이 무거워지면서 지붕의 하중을 분산시키기 위해 다포양식이 나타난다.

하늘을 받들다

기와를 올리는 한옥은 지붕이 아주 무겁다. 그래서 하중을 줄이고 보온효과를 높이기 위해 나무껍질을 깔고, 그 위에 흙을 덮는다. 흙에서 식물이 자랄 수 있기 때문에 흙에 석회를 섞어서 깔고 그 위에 기와를 얹는다. 숭례문에 화재가 났을 때 불길을 잡기 어려웠던 이유가 무게를 줄이고 보온효과를 위해 깔았던 나무껍질 부분에 불이 옮겨 붙었기 때문이다.

·대웅전 측면

대웅전을 돌아 옆면을 보면 수덕사 대웅전의 가장 아름다운 모습을 마음껏 누릴 수 있다. 단정한 사람 인人 자로 고요히 하늘을 받들고 있다. 못을 사용하지 않았으며, 지붕의 하중을 골고루 분산시키고 있는 구조미와 균형과 안정감은 아무리 봐도 지루하지 않다.

이야기를 품은 절

수덕사는 다양한 패러다임을 가진 재미있는 절집이다. 가장 오래된 고려 시대에 만들어진 대웅전! 유행가 속의 수덕사 여승, 경허스님, 만공스님, 일엽스님 이야기 등 이곳에서 살았던 많은 사람들의 이야기가 있다. 승속의 경계마저 벗어나는 다양한 패러다임을 포용하면서 참선 제일도량으로 현대 우리나라 불교를 이끌어가는 정신적 지주 역할을 하고 있다. 근기가 살아 있는 사찰이다.

이치는 단박에 깨쳤으나 망상은 여전히 일어나는구나
단박에 깨달아 내 본성이 부처님과 똑같은 줄은 알았으나
오랜 세월을 살면서 익힌 습기는 오히려 생생하구나.
바람은 고요해졌으나 파도는 여전히 솟구치듯
이치는 훤히 드러났어도 망상이 여전히 일어나는구나.

구한말에 경허스님은 수덕사에 머물면서 선종을 크게 일으켰다. 이 시는 어떤 스님이 경허스님께 좋은 안주와 술을 올리면서, 왜 이런 것들을 즐기시냐고 묻자 스님이 대신 답한 시라고 한다. 스님의 인간적인 모습이, 그 담담하고 진솔함이 너무 아름답다.

자식에게 모든 것을 희생하는 어머니도 한 여자이고 인간이듯이, 수행을 하는 스님도 항시 번뇌가 일렁이는 인간임이 분명하다. 그것을 다스리며 사는 어머니와 스님이 있을 뿐이다. 우리는 가끔 그 인간 본래의 모습을 인정하지 않으려 한다.

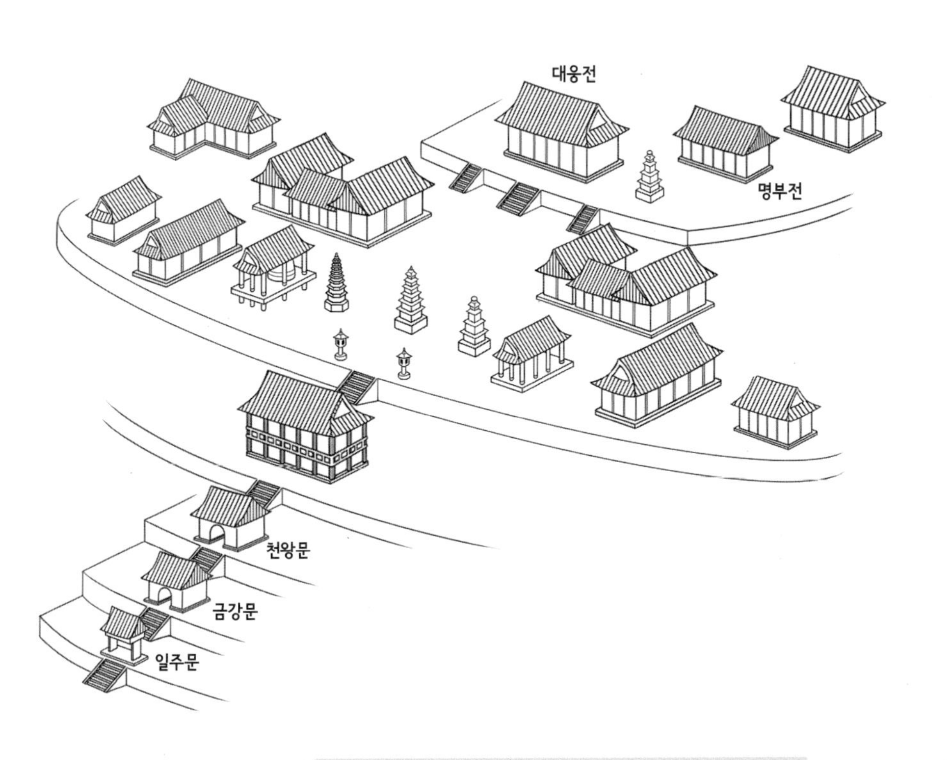

주소: 충청남도 예산군 덕산면 사천2길 79
창건연대: 백제 위덕왕 재위 시(554~597)로 추정
창건자: 지명법사로 추정
홈페이지: http://www.sudeoksa.com

08 조계사

比如千日出照曜大千界
竝尊坐道場清淨大光明

서울 한가운데에 위치한 조계사는 대한민국 불교의 중심지이다. 한국불교를 대표하는 대한불교조계종의 총본사이며, 행정을 담당하는 중앙총무원, 조계종 내 의회의 역할을 담당하는 중앙종회가 사찰 내에 있다.

조계사는 격동의 한국 근현대사를 민중들과 함께한, 역사의 숨결이 살아 있는 곳이다. 종교적 차원을 넘어 끊임없이 대중들과 더불어 보다 나은 세상을 만들어 가고자 노력하는 공간이다.

근대 한국 불교의 총본산

조계사는 1910년 각황사란 이름으로 일제하 조선 불교의 자주화와 민족 독립을 염원하며 처음 창건되었다. 일제강점기에 서울

· 대웅전 측면

4대문 안에 세워진 최초의 사찰이다. 근대 한국 불교의 총본산으로 자리 잡아, 1954년 일제 잔재 청산을 위한 불교정화운동을 하면서 조계사로 이름을 바꾼 후 지금에 이르고 있다.

대웅전은 1936년 전북 정읍에 있던 민족종교였던 증산교 계통의 보천교의 법당으로 쓰이던 십일전十一殿이 경매로 나오자 사들인 것이다. 정면 7칸 측면 4칸의 팔작지붕으로 규모가 장중하다. 대웅전 안에는 영암 월출산 도갑사에서 옮겨온 석가모니 목불좌상이 있다.

회화나무 숲의 5분 부처

대웅전 앞에는 500년 가까이 된 회화나무와 천연기념물로 지정된 백송이 있다. 이곳에는 옛날에 회화나무 숲이 있었다고 한다. 대웅전 앞마당에 선 채로 잠시 눈을 감고 회화나무 숲을 그려 본다. 우리 모두가 부처가 될 수는 없지만, 멀리서 울려오는 도시의 소음과 상념을 날리며 단전으로 호흡하며 하루 5분 부처가 되기에 더없이 좋은 곳이다.

大雄殿
서울중앙 교회

삶의 가까운 곳에서 부처를 만나다

조계사는 국제 문화도시로 성장하고 있는 서울의 한복판인 종로에 위치한 유일한 전통 사찰로, 주변에 경복궁, 창덕궁, 덕수궁 등 궁궐과 새롭게 단장한 청계천이 있다. 일주문 앞 우정로를 건너 골목을 가로지르면 한국 서예와 전통 미술의 중심지인 인사동이 있어 한국의 전통문화를 마음껏 누릴 수 있다. 더불어 서울을 찾는 많은 외국인들과 하루하루 바쁜 도심속의 서울 시민들에게 진정한 마음의 여유와 휴식을 주는 곳이다.

현재 우리나라의 대부분의 사찰은 산속에 있다. 그러나 부처님 당시에 처음 죽림정사를 세울 때도 절의 위치로는 마을에서 그렇게 멀지도 가깝지도 않은 곳으로, 설법과 포교를 하기 편한 곳이 좋다고 하였다. 그러면서도 낮에 너무 많은 사람들이 왕래하거나 붐비지 않고, 밤에는 조용하여 수행하기에 편한 곳에 지어졌다.

· 대웅전 삼세불상

그래서 경주의 분황사나 황룡사처럼 불교가 융성했던 통일신라나 고려 시대의 사찰들은 대부분 사람들이 많이 살고 있는 곳에 자리했다. 하지만 억불숭유정책을 국시로 삼았던 조선 시대에 사찰은 산속으로 밀려났다. 이것이 일제와 현대까지 이어져 지금 우리들은 절이 산속에 있는 것이 당연하다고 생각한다.

깊은 산속에 홀로 있다고 해서 세속을 벗어나는 것은 아니다. 대승불교의 전통을 이어받은 한국 불교의 가장 큰 뜻은 중생을 구제하는 데 있다. 그런 의미에서 조계사는 부처님의 말씀에 충실하게 그 뜻을 잘 지켜 가고 있다. 24시간 경내 개방을 통해 종교와 국적을 떠나 내국인이든 외국인이든 혹은 불자든 아니든 간에 누구나 원하는 시간에 들를 수 있다.

·불교중앙박물관

조계사 옆 한국불교문화역사기념관 내에는 조계종단에서 설립한 불교중앙박물관이 있다. 주변의 문화적 밀도와 접근성을 바탕으로 한국 불교문화의 우수성을 국내외에 알리고, 지속적인 기획전시를 통해 일반인들이 불교 전통문화를 쉽게 이해하고 삶의 방편으로 느낄 수 있도록 새롭게 자리매김하고 있다.

불교중앙박물관은 지속적으로 많은 불교문화재를 발굴하고, 기증을 받고 있으며, 많은 유물들을 소장 전시하고 있다. 특히 경주 불국사 석가탑에서 발굴된 세계에서 가장 오래된 목판인쇄물인 무구정광대다라니경을 보관하고 있다. ‡

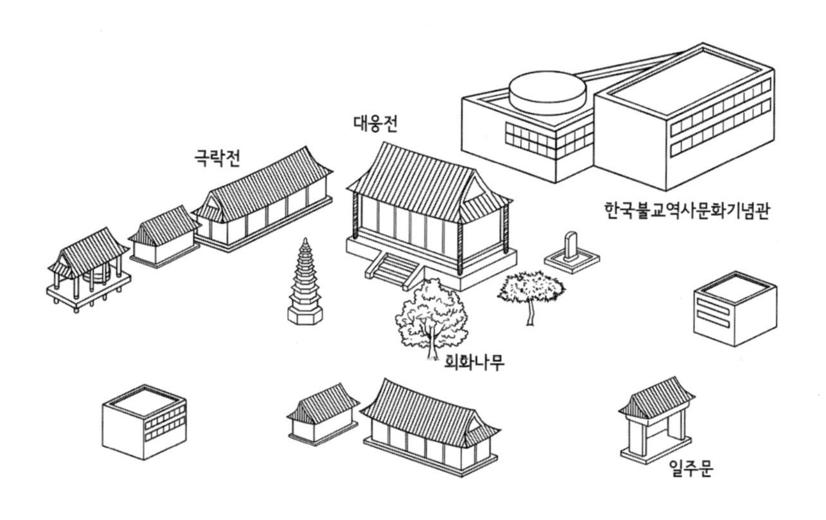

주소: 서울시 종로구 견지동 45
창건연대: 1910년 일제강점기
창건자: 조선 불교의 자주화와 민족의 독립을 기원하던 다수의 승려
홈페이지: http://www.jogyesa.kr

09 월정사

마음의 달을 아름답게 그리는 곳! 산이 아름답고 물이 좋아 염불을 외우지 않아도 그 숲에 들면 사람마저 금세 순화되는 오대산 월정사!

월정사는 643년 신라 선덕여왕 때 창건되었다. 당나라에서 돌아온 자장율사가 문수보살을 친견하고자 세운 절이다. 예로부터 삼재三災가 들지 않는 우리나라 명산 중 하나인 오대산은 지금도 여름에 모기가 없어 청량하며, 한강의 발원지인 우통수于筒水가 있다.

·일주문

월정사 전나무숲길

· 전나무숲길

월정사 하면 떠오르는 것이 500년이 넘은 멋진 전나무숲이다. 탄허스님이 쓴 멋진 월정대가람이라고 쓴 일주문을 들어서면 우리나라 어디에서도 볼 수 없는 아름드리 아름다운 전나무숲길이 이어진다. 그냥 나무가 아니다. 기도하는 수도승인 듯, 언젠가 함께 했던 도반인 듯 친근하게 느껴진다. 숲길을 얼마쯤 걷다 보면 왼편으로 조그마한 성황각이 서 있다. 마을을 지켜주던 토착신이 이제는 부처님 마을 월정사를 지키고 있다. 전나무숲 옆으로 흐르는 오대천 계곡물 소리를 들으며 이 숲길을 걷지 않고서는 월정사를 다녀왔다 말할 수 없다.

월정사는 한국전쟁 중이던 1951년 1.4후퇴 당시 국군의 작전으로 전각들이 대부분 전소되었다. 1964년 탄허스님이 금당인 적광전을 중창한 뒤 꾸준히 불사와 중건을 하여 오늘날의 모습을 갖게 되었다.

· 적광전

천년을 앉아 있는 보살상

· 적광전 앞 석조보살좌상 (원본은 성보박물관에 보관되어 있다.)

전나무숲을 지나 조그만 언덕을 오르면 천왕문이 있다. 천왕문을 지나면 월정사의 중심 전각인 적광전이 나타난다. 원래 비로자나불을 모시는 곳이지만, 항마촉지인을 하고 있는 석가모니불이 모셔져 있다. 적광전 앞에는 전란에도 소실되지 않은 고려 시대의 월정사 8각9층석탑이 제 모양을 지키고 옥개석마다 풍경을 달고 고고하게 서 있다. 그 앞에는 높은 보관을 쓴 보살상이 한 쪽 무릎을 꿇은 채 무언가를 바치고 있다. 강원도 지역에서만 볼 수 있는 보살상들의 특징이다. 꽃인가! 무슨 꽃일까? 그렇게 천년을 앉아 꽃을 들어 공양을 드리는 모습에 바람 하나 그냥 지나치지 못한다. 언젠가 푸치니의 나비부인에 나오는 허밍코러스를 배경음악으로 이 보살상의 사진들을 본 적이 있다. 바람 소리에 손에서 꽃이 피어나고 보살상에서 해맑은 미소가 번져 나오는 듯했다. 눈 쌓인 겨울날 경내에는 바람 소리도 맑게 빛난다. 한겨울 영하 20도에도 얼지 않는 맛난 약수 불유각佛乳閣의 부처님 젖은 마음의 갈증을 달래 준다.

북대 미륵암의 바람소리

그래도 채워지지 않는가? 누군가를 미워하는 마음이 있는가? 차마 버릴 것을 비우지 못하는가? 그러면 월정사 5대 중 하나인 북대 미륵암으로 발길을 옮겨 보시라! 상원사 앞 도로에서 한참을 걸어 올라가면 저기 태평양에서부터 일어나 동해를 건너 오대산 자락을 누비는 바람소리가 들리는 곳!

북대 미륵암에서는 나옹선사가 수행을 하셨다고 한다. 참선수행을 하셨던 나옹대에 올라 오대산을 굽어본다. 이곳에는 나옹스님과 칡넝쿨에 관한 전설이 전한다. 옛날에 나옹스님이 북대에 있던 16개의 나한상을 혼자서 상원사로 옮기기로 하였다. 옮기기로 한 날 나한상들이 스스로 날아서 상원사로 옮겨 갔다. 그런데 나한상이 15개만 있고, 하나가 없어 산속을 한참 찾아보니 칡넝쿨에 걸려 있어서 모셔 왔다. 이후 나옹스님은 이곳 오대산 산신령에게 이운불사를 방해한 칡넝쿨을 몰아내라고 명하였다. 그때부터 오대산에는 그 흔한 칡이 없다고 한다. 사방을 둘러보시라. 신기한 일이다!

지금도 북대 미륵암에는 시봉행자도 없이 홀로 불경을 읽으며 수행하시는 눈 맑은 스님이 계신다. 오랜 수행으로 몸은 수척해 보이지만, 한겨울 산등성이를 넘어오는 찬바람에도 초롱초롱한 눈빛의 구도자를 볼 수 있다. 월정사를 거쳐 북대 미륵암까지 올랐다면 전생에 혹시 수행자의 인연이 있었을 것이라는 스님의 말씀이 마음에 남는다.

월정사에는 불자가 아니더라도 산사 체험을 할 수 있는 프로그램이 잘 마련되어 있다. 템플스테이뿐만 아니라 세간에도 유명한 월정사단기출가학교를 운영하고 있다. 수행자로서 스님이 되기 전의 행자 생활을 한 달 동안 체험하는 과정이다. 산사 체험을 하는 동안 월정사 공양간에서 식사를 하기 전에 항상 암송하는 게송은 마음까지도 맑게 한다. 마음속의 화를 조금만 줄일 수 있다면 가까이에서부터 행복이 피어나리라…

성 안 내는 그 얼굴이 참다운 공양구요
부드러운 말 한마디 미묘한 향이로다
깨끗해 티가 없는 진실한 그 마음이
언제나 변함없는 부처님 마음일세

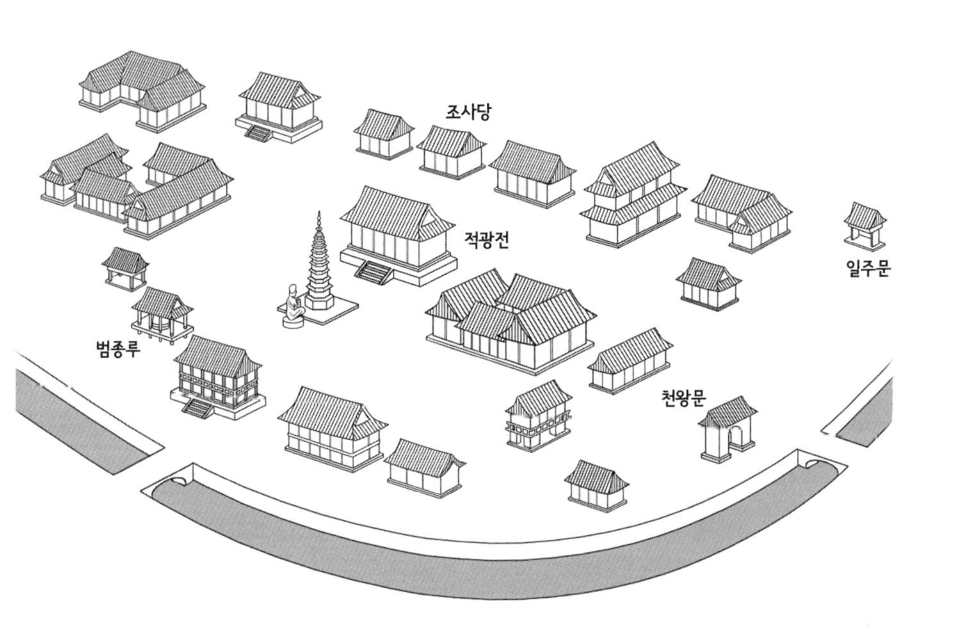

주소: 강원도 평창군 진부면 동산리 63
창건연대: 643년(신라 선덕여왕 12)
창건자: 지증대사
홈페이지: http://www.woljeongsa.org

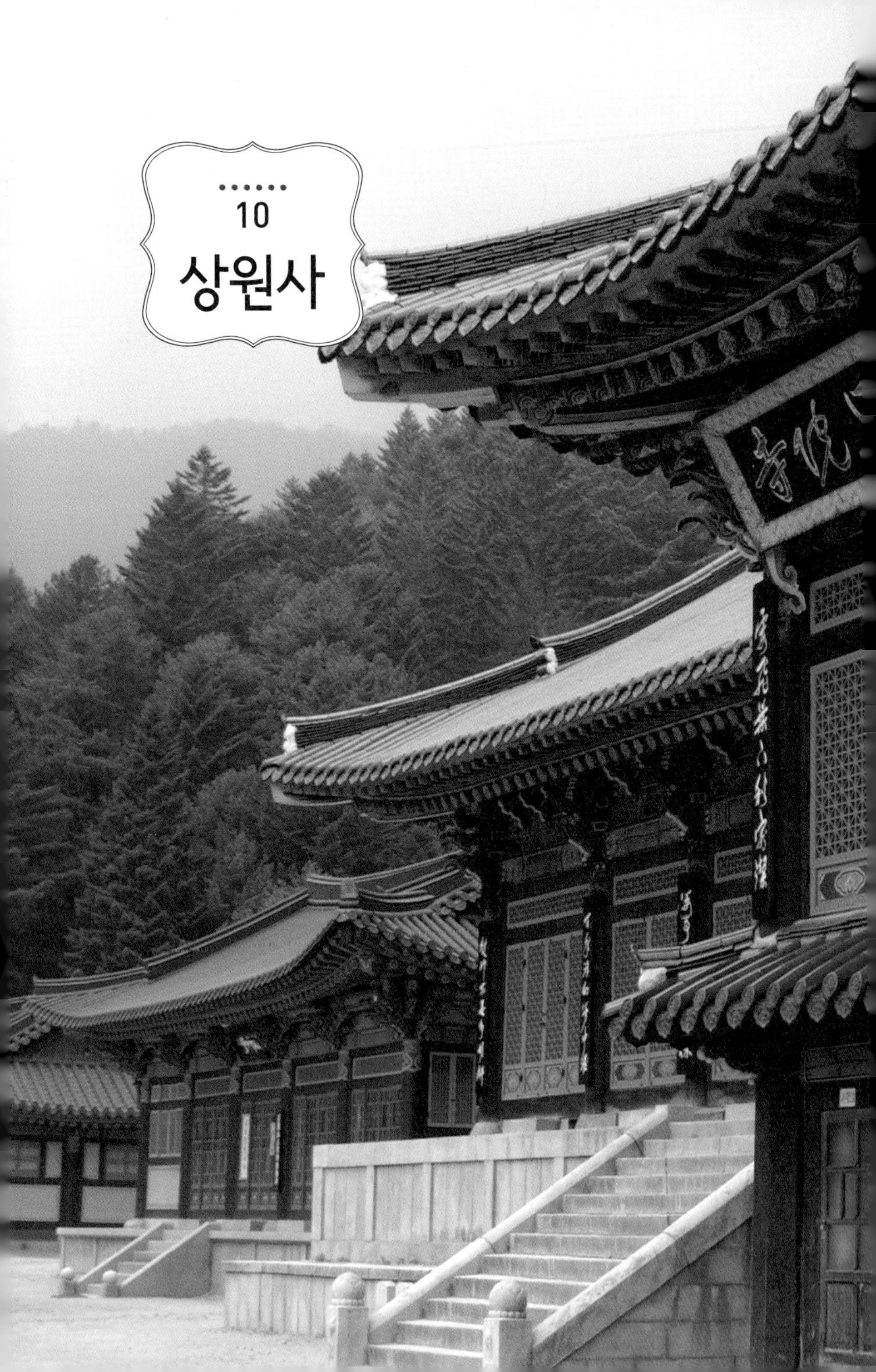

10 상원사

·문수전

상원사는 신라의 보천태자와 효명왕자에 의해 창건되었다. 왕위 계승 문제로 혼란스러운 시대에 두 왕자는 속세를 버리고 오대산으로 들어왔다. 이들이 동대, 서대, 남대, 북대, 중대에 나아가 염불하고 수행을 하면서 오만보살을 친견하였다.

그러나, 뒤에 궁궐에서 왕위 계승을 위해 장군 4인을 보내 태자 형제를 모시러 왔다. 보천태자는 울면서 극구 사양하여 결국 동생인 효명왕자만 경주로 돌아왔다. 그가 성덕왕이 되었다. 몇 년 후 705년 성덕왕은 지금의 상원사 자리에 진여원이라는 이름으로 처음 절을 세웠다.

문수신앙의 성지

신라 자장율사는 오대산에 지혜의 상징인 문수보살이 산다고 믿었다. 그 영향으로 오대산은 문수신앙을 바탕으로 한 불교 성지로 자리 잡았다. 문수보살은 사자를 타는 형상으로 표현되는 대승불교의 대표적 보살이다.

이렇게 유행한 문수신앙을 바탕으로 상원사에는 조선 세조와 관련된 여러 가지 이야기들이 전해진다. 조카 단종을 죽이고 왕위에 올랐던 세조는 죄책감으로 많은 고통에 시달렸다. 특히 단종의 어머니인 현덕왕후가 꿈속에 나타나 세조에게 침을 뱉은 꿈을 꾼 후 피부병이 생겨 많은 고생을 했다고 한다.

·세조

이에 세조는 상원사 계곡에서 문수보살을 친견한다. 어느 날 세조는 상원사 계곡에서 홀로 목욕을 하고 있었다. 등을 밀기 불편하던 차에 지나가던 동자가 있어 불러 세워 피고름과 진물로 얼룩진 등을 밀도록 했다.

누구도 함부로 볼 수 없는 임금의 옥체를 본 동자가 혹시라도 왕을 호위하는 내금위 관리들에게 화를 당할까 봐 걱정이 되었다. 그래서 세조는 "동자는 혹시라도 다른 사람에게 임금의 옥체를 보았다고 말하지 말라."고 했다. 그러자 동자는 "임금님께서는 어디 가서 문수보살을 친견했다고 말하지 마십시오."라고 말하는 것이었다. 깜짝 놀라 뒤를 돌아보았지만 동자는 어디론가 사라지고 없었다.

그렇게 문수보살이 등을 씻어 준 후 피부병이 깨끗이 나았다. 세조는 고마움에 문수동자상을 그리게 하고 나무로 목각상을 만들었다. 그 목각상이 바로 상원사 목조문수동자좌상이다. 이처럼 문수보살은 친근한 동자의 모습으로 표현되기도 하며 대표적인 문수동자상이 바로 상원사에 있다.

타임캡슐을 열다

목조문수동자상에서 의숙공주발원문, 금동제 사리함 등 총23점의 복장유물이 나왔다. 특히 유물 중에서 눈길을 끄는 것이 세조가 입었던 어의이다. 세조가 피부질환으로 고생했음을 보여 주는 피고름의 흔적이 그대로 남아 있다. 피고름을 흘리며 고생하던 세조와 아버지의 병환이 완쾌되길 바라는 딸의 애절한 마음이 시간을 넘어 전해진다. 현재 월정사 성보박물관에 유물들이 전시되어 있어 세조와 관련된 사실들을 전하고 있다. 시간을 내어 꼭 봐야 한다.

불상의 배 안에 넣어진 복장은 타임캡슐이라고 할 수 있다. 불상을 조성할 때는 불상을 조성한 경위와 여러 기원을 담은 유물들을 불상 아래로 해서 배 속의 비어 있는 부분에 같이 넣는다. 이렇게 하여 불상의 몸에서 나온 유물을 복장유물이라고 한다. 상원사 아래 계곡에는 세조가 목욕할 때 옷을 걸어 두었다는 돌로 만든 관대걸이도 그대로 남아 있다.

상원사에서 또 빠뜨리지 않고 챙겨 보아야 할 것은 상원사 동종이다. 우리나라에서 가장 오래된 종으로 종 위에 새겨진 비천상

·상원사 동종

은 매우 정교하고 아름답다. 낙산사 동종이 천재지변으로 불타 버린 뒤 종도 화재로부터 안전할 수 없다는 교훈을 얻었다. 그래서 우리나라 동종 중에 가장 중요한 이 종을 보호하기 위한 대비책이 마련됐다. 만약 화재 등 비상사태가 발생하면 동종은 아래의 깊게 파인 땅속으로 떨어져 흙으로 덮이게 되어 있다. 이런 장치를 해 둘 만큼 이 종은 후세에 물려줄 중요한 문화유산이다. 비천상 무늬부터 꼼꼼하게 살펴보시라.

한암스님, 상원사를 지키다

상원사는 한국전쟁 당시 한암스님 덕분에 화를 면했다. 북한군의 기지로 사용되는 것을 막기 위해, 군인들이 월정사를 먼저 불태운 후 상원사에도 들이닥쳤다. 한암스님은 법당을 불태우려는 군인들을 잠시 기다리게 하였다. 가사와 장삼을 단정히 하고 법당에 정좌를 하고는 이제 불을 지르라고 하였다.

이러시면 안 된다는 만류에도 한암스님은 물러서지 않았다. "나는 부처님의 제자요. 부처님이 계시는 법당을 지키는 것은 나의 도리이니 당신은 당신의 도리를 다하시오."라고 말할 뿐이었다. 스님의 모습에 감동한 장교는 법당의 문짝만을 떼어 내 불태우고 연기를 피워 마치 상원사를 태운 것처럼 연출하고 떠났다. 죽음을 무릅쓴 한암스님과 지혜로운 장교의 인연으로 지금의 상원사가 전해지고 있다. 그래서 우리나라에서 가장 오래된 상원사 동종과 목조문수동자좌상, 중창권선문 등 소중한 국보들이 지금까지 함께 전해지고 있는 것이다.

한암스님은 서울 봉은사의 조실스님으로 있다가 "차라리 천고에 자취를 감춘 학이 될지언정 삼촌三春에 말 잘하는 앵무새의 재주는 배우지 않겠노라."며 오대산에 들어왔다. 1951년 입적하실 때까지 오대산을 떠나지 않고, 앉은 채로 좌탈입망하였다.

5대 적멸보궁

상원사에서 중대 사자암을 지나 1시간 정도 오르면 적멸보궁이 있다. 가끔 이 길을 삼보일배로 오르는 분들도 있다. 깊은 산이지만 기분 좋게 오를 수 있는 길이다. 적멸보궁에는 부처님의 진신사리가 모셔져 있다. 신라 선덕여왕 때 중국에서 부처님의 진신사리를 가져와 5군데의 사찰에 나누어 모셨다. 오대산 상원사, 설악

· 적멸보궁

산 봉정암, 태백산 정암사, 그리고 사자산 법흥사, 영축산 통도사이다. 그래서 5대 적멸보궁이라고 한다.

상원사 적멸보궁에는 진신사리를 모시고 있는 탑이 없다. 적멸보궁 뒤편 어딘가에 모셨다고만 전할 뿐이다. 대신 조그마한 비석 모양의 돌에 탑을 새겨 놓은 마애불탑만이 세워져 있다. 그래서 주변이 더욱 빛나고 고요함을 더해 준다. 풍수를 잘 모르지만 이곳에 서서 주위를 바라보면 왠지 가슴속에 따뜻한 무엇이 느껴져서 좋다. 마음이 가는 만큼만 머무르다 내려가면 된다.

·마애불탑

몇 발자국 내려오다 마음이 자꾸 허해지면 다시 발길을 돌려 올라가도 된다. 쉽게 다시 오기 힘든 곳이다. 적멸보궁 뒤로 마애불탑을 다시 한 번 돌아본다. 진신사리가 어디쯤 있을까 마음속으로 짚어 보며 눈길이 마주친 이에게 따뜻한 인사를 건네며 내려오면 좋다. ☨

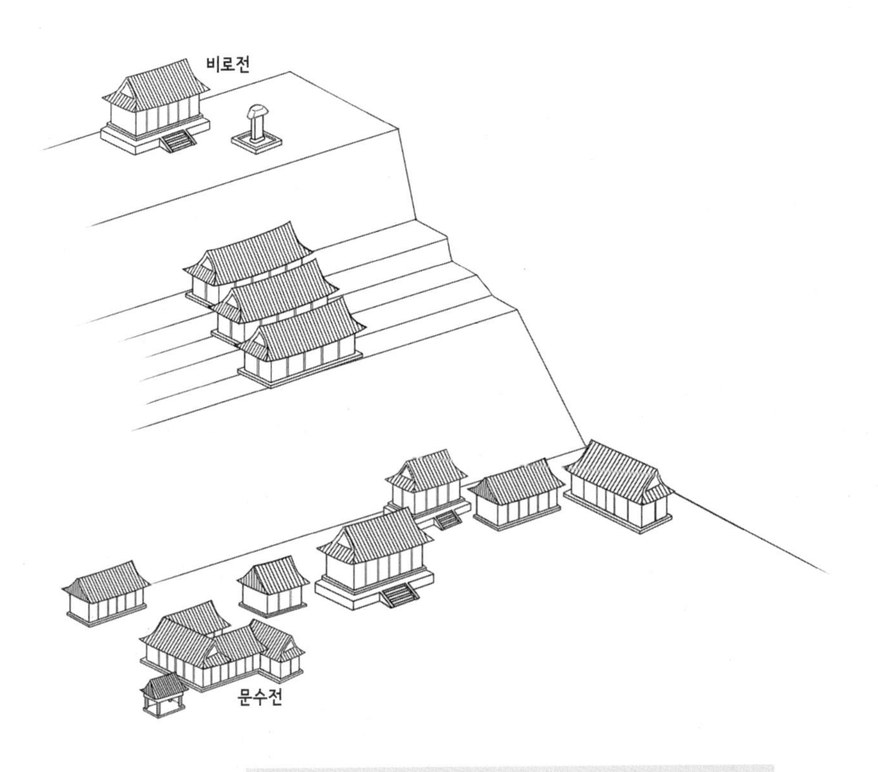

주소: 강원도 평창군 진부면 동산리 산1
창건연대: 705년(신라 성덕왕 4)
창건자: 보천태자, 효명왕자
홈페이지: http://woljeongsa.org/sang_index.php

11 해인사

海

가야산 해인사! 가야산이란 이름은 고대 국가인 가야에서 가장 높고 아름다운 으뜸 산이란 의미로 붙여진 것이다. 해인사는 802년 신라 애장왕 때 순응스님과 이정스님이 창건하였다. 사찰 이름인 해인은 해인삼매에서 가져온 말이다. 거친 파도가 잔잔해지듯 중생들의 번뇌 망상들이 사라져 우주의 삼라만상을 있는 그대로 비추어 볼 수 있는 경지를 뜻힌다.

팔만대장경

해인사 하면 팔만대장경이다. 팔만대장경을 모시고 있어 삼보사찰 중에 부처님의 법을 상징하는 법보사찰이다. 세계문화유산으로 지정된 팔만대장경과 팔만대장경을 모신 장경판전은 고려 시대 동아시아의 최고의 지식과 지혜를 담고 있다.

팔만대장경 조성 사업은 13세기 당시 고려 불교의 학문적 수준이나 경제력이 뒷받침되지 않았다면 불가능했을 것이다. 요즘으로 보면 우주왕복선을 쏘아 올리고, 핵을 개발하는 것과 같은 엄청난 국가적 사업이기 때문이다. 당시 동아시아에 이 정도의 국가적 사업을 할 수 있었던 나라는 고려와 중국밖에 없었다.

81,258개의 경판에 84,000번뇌에 해당하는 법문이 실려 있어 팔만대장경이라고 한다. '팔만'은 많다는 의미도 있다. 고대 인도에서는 많은 숫자를 표현할 때 '팔만 사천'이라고 했다.

대장경은 삼장으로 이루어지는데, 삼장은 경장, 율장, 논장을 가리킨다. 경장經藏은 석가모니가 생전에 설법하셨던 말씀을 기록한 것이다. 율장律藏은 불제자들이 지켜야 할 규범과 석가모니의 사후 성립된 불교 교단의 여러 계율을 말한다. 논장論藏은 석가모니 제자들을 비롯하여 인도와 중국의 여러 고승들이 부처님의 말씀에 대해 주석을 단 문헌들과 불교에 대해 체계적으로 연구한 저서들을 포함하는 말이다.

팔만대장경 이전에 고려에는 1011년에 만들어진 초조대장경이 있었다. 그러나 몽고의 침략으로 대구 부인사에 있었던 초조대장경이 모두 불타 버렸다. 무신정권 시기에 몽고의 침입을 당한 지배층은 강화도로 수도를 옮겼다. 그리고 부처님의 힘을 통해 몽고군을 격퇴하기를 기원하며 팔만대장경을 제작하였다.

팔만대장경을 만드는 과정에는 최첨단 기술과 과학이 동원되었다. 벌목된 나무들은 1~2년 동안 갯벌 속 바닷물에 담가 나무 속 진액을 제거했다. 경판 제작에 알맞은 크기로 잘라 소금물로 찐 다음 다시 바람이 잘 통하는 그늘진 곳에서 말렸다. 이러한 과정을 거친 나무는 오랜 세월이 지나도 갈라지거나 비틀어지지 않는다. 부식과 방세 효과도 아주 좋다.

재조대장경

다시 만들어졌다 해서 재조대장경이라고도 하는 팔만대장경은 세계적으로 매우 정확하고 모든 지식들이 검증되어 다른 나라의 대장경 제작의 교과서가 되고 있다. 초조대장경, 중국 송의 대장경, 거란대장경 등을 바탕으로 철저한 고증 작업을 통해 수차례의 교정 작업을 통해 만들어졌기 때문이다. 원고는 단정하면서도 여유로운 해서체인 구양순체로 통일하였다.

이렇게 당대의 뛰어난 서예가들이 쓴 원고를 준비된 판에 뒤집어 붙이고, 조각 실력이 뛰어난 각수들 1,800명 이상이 판각을 하였다. 놀라운 점은 그 방대하고 엄청난 양에도 불구하고, 오자나 탈자가 거의 없다는 것이다. 글자를 다 새긴 후에는 해충과 좀이 슬지 않도록 경판에 옻칠을 하였다. 먹물로 자주 인쇄를 해도 경판이 상하지 않도록 보호해 주는 것이다.

그리고 경판 끝에 두꺼운 나무를 붙이고 마구리를 만들었다. 마구리는 나무로 만든 경판이 800년 가까이 되어도 휘지 않고, 경판이 부딪쳐 글자가 상하는 것을 막아 주었다. 경판 사이의 공간으로 통풍 효과를 주었다.

이렇게 경판이 완성되면 종이를 경판에 붙여 먹으로 인쇄하는 과정이 이루어진다. 인쇄 작업에는 엄청난 양의 종이가 필요하였다. 우리나라는 닥나무 껍질을 끓여 만든 섬유질이 풍부한 우수한 종이를 만드는 기술을 가지고 있었다. 이로 인해 당시에 찍었던 인쇄본들이 현재까지 보존될 수 있었다.

이렇게 만들어진 팔만대장경은 처음에 강화도 선원사에 보관하였다. 그러나 고려가 망하고 조선이 들어선 후 무슨 이유인지 분명하진 않으나 1398년(태조 7년)에 해인사로 옮겨져 지금에 이르고 있다.

팔만대장경의 위기

팔만대장경도 여러 번 위기의 순간을 겪었다. 임진왜란 때에는 해인사 근처인 성주까지 일본군에 점령되었으나, 승병과 의병들이 목숨을 걸고 싸워 팔만대장경을 지켜 냈다. 임진왜란 이후에도 해인사에 7번의 큰 화재가 있었지만 장경판전과 팔만대장경은 살아 남았다. 1915년 일제강점기 초대 총독 데라우치는 팔만대장경을 일본으로 빼앗아 갈 계획을 세웠지만, 무려 250톤이나 되는 팔만대장경을 옮길 수레 400여 대를 모으지 못해 포기했다고 한다.

가장 큰 위기의 순간은 한국전쟁 때였다. 인천상륙작전으로 퇴로가 막혀, 낙오된 북한군 900여 명이 해인사를 중심으로 가야산에서 활동하고 있었다. 1951년 미군은 가야산에서 활동 중인 빨치산들의 근거지를 없애기 위해 해인사에 폭격 명령을 내렸다. 당시 편대장이었던 김영환 대령은 북한군 몇 명을 소탕하기 위해 우리나라의 소중한 문화유산인 팔만대장경을 잿더미로 만들 수 없다며 해인사 상공에서 폭격명령을 거부하고 기수를 돌렸다. 그가 우리 문화에 대한 자부심과 훌륭한 식견을 가지지 않았다면 팔만대장경은 영원히 사라졌을 것이다.

컴퓨터와 스마트폰 등 과학기술이 발달한 지금 이 시대에 인간에게 필요한 지혜는 무엇일까? 천년 뒤 후대에게 전하고 싶은 지혜가 있다면 어떻게 전할까?

목조희랑대사상

해인사에는 유명한 스님들이 많이 있지만 대표적인 인물로 고려시대의 희랑대사, 그리고 현대의 성철스님을 뽑을 수 있다. 희랑대사는 견훤을 물리치고 후삼국을 통일하는 과정에서 고려 태조 왕건을 적극 도와 해인사를 크게 중창시킨 스님이다. 이 스님의 생전 모습을 그대로 제작한 목조 조각상이 남아 있는데 스님의 모습을 매우 사실적으로 묘사한 것이 특징이다. 나무로 조각한 인물상으로는 국내에서 가장 오래된 작품으로, 불상보다 매우 자유롭게 조각되었다.

·목조희랑대사상

수행으로 인해 앙상하고 가냘픈 노쇠한 체구에도 반짝반짝 지혜를 품어 내는 눈빛이 보는 이를 사로잡는다. 목조에서 느껴지는 따뜻한 인간미와 함께 스님의 설법이 말없이 그대로 전해지는 듯하다. 눈빛을 전하는 소중한 유산이다.

성철스님의 삼천 배, 평등을 말하다

해인사의 역사는 이어져 현대에도 뛰어난 인물을 배출하는데 바로 성철스님이다. 성철스님은 철저한 자기수행과 다방면에 걸친 독서와 공부 등을 통해 당시 혼란스러운 불교를 새로운 모습으로 바꾸기 위한 노력을 했다. 불교의 본래 모습을 대중적으로 이해시키고자 솔선수범하였기 때문에 많은 이들이 아직도 성철스님을 그리워한다. 스님이 법문한 '자기를 바로 봅시다', '산은 산이요, 물은 물이다', '남을 위해 기도합시다' 등의 내용은 매우 유명하다.

·성철스님 사리탑

성철스님의 일화는 삼천 배로 유명하다. 성철스님을 만나려면 장관이든 어린아이든 부자이든지 노인이든 그 누구든지 반드시 삼천 배를 해야만 했다. 절하는 모습은 자기를 가장 낮추며, 마음을 깨끗이 하는 아름다운 모습이다. 지위고하를 막론하고 부처님 앞에서 모두 평등하다는 뜻을 강조한 것이리라.

몸소 실천하였던 근검절약과 수행자 정신은 40년 동안 손수 바느질해서 입으셨다는 누더기 장삼을 통해 느낄 수 있다.

팔만대장경에 담겨 있는 노력과 정성, 희랑대사와 성철스님의 진리를 향한 열망이 여전히 해인사를 가득 채우고 있는 듯하다. ✝

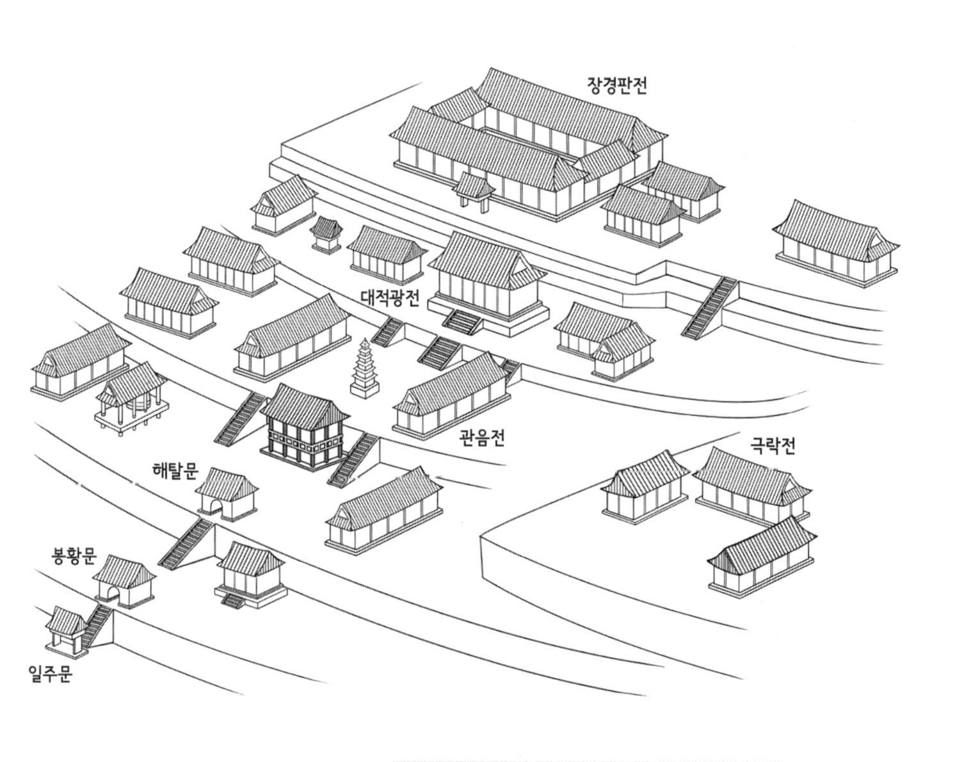

주소: 경상남도 합천군 가야면 치인리 10
창건연대: 802년(신라 애장왕 3)
창건자: 순응스님, 이정스님
홈페이지: http://www.haeinsa.or.kr

12 통도사

부처님의 진신사리를 모신 불보사찰! 영축산 통도사는 송광사, 해인사와 함께 우리나라 3대 사찰 중 하나이다. 646년 신라 선덕여왕 때 자장율사는 중국 당나라에서 부처님의 사리와 부처님이 입으시던 가사와 대장경 400여 함을 가져왔다. 이것들을 봉안하여 통도사를 창건하였다.

깨달음을 구하는 길

길을 걷는다는 것이 곧 수행이 아닐까? 마음을 절로 너그럽게 만드는 아늑한 통도사 소나무길이 아름답다. 깨달음을 구하는 길은 각각이 다르다는 듯 마음 가는 대로 하늘을 향해 서 있는 소나무 숲을 따라오면 장중한 일주문에 이른다.

일주문의 영축산 통도사라고 쓴 편액은 글씨와 난을 잘 쳤다고 하는 흥선대원군이 쓴 것이다. 일주문 앞 양쪽으로 행서로 쓴 석주가 일주문의 장중함을 더해 주고 있다.

일주문을 들어서면 바로 오른쪽으로 통도사 성보박물관이 있다. 우리나라에서 처음으로 만들어진 사찰박물관이다. 통도사의 규모에 걸맞게 많은 유물을 보유하고 있다. 산내 암자를 포함하여 통도사에는 약 350여 점의 많은 불화가 있으며, 전시관에는 12미터가 넘는 괘불 전시대도 있다. 보물로 지정된 영산회상도와 부처님의 일생을 8단계로 압축하여 그린 팔상도 등이 전시되어 있다. 어디를 가든 박물관은 보물창고다. 우리나라 사찰에 있는 박물관에 들어서면 종교라는 색안경을 벗고 봐야 한다. 그러면 우리 선조들의 삶과 정신세계를 들여다볼 수 있는 진정한 보물창고가 열린다.

일주문을 지나면 천왕문, 불이문의 삼문이 있다. 삼문은 규모가 크고 격식을 제대로 갖춘 사찰에서 만날 수 있다.

·불이문

통도사의 가람 배치는 계곡물을 따라 동서 방향으로 금강계단金剛戒壇을 중심으로 한 상로전, 대광명전을 중심으로 한 중로전, 영산전을 중심으로 한 하로전 세 구역으로 되어 있다.

변치 않는 수행의 길을 맹세하다

통도사의 상징적인 건축물은 금강계단이다. 부처님의 진신사리가 모셔져 있으며, 스님이 되는 수계의식을 행하는 단이다.

·금강계단

석가모니의 진신사리가 있는 금강계단에서 계를 받는 것은 부처님에게 직접 계를 받는다는 상징적인 의미를 담고 있다. 금강은 금강석 즉 다이아몬드를 가리킨다. 계율은 부서지지 않고 단단하게 지켜져야 한다는 의미이다. 이중으로 된 기단 위에 종 모양의 승탑에 진신사리가 모셔져 있다. 돌계단 양쪽과 기단부에는 통일신라 양식으로 보이는 아름다운 연꽃이 조각되어 있다. 사방에는 불좌상과 천인상, 신장상 등 아름다운 조각이 새겨져 있어 성스러움을 더하며, 층계의 소맷돌에는 금강역사상이 지키고 있다.

흥선대원군이 쓴 대웅전 편액

금강계단 앞의 대웅전은 팔작지붕에 정丁자 모양을 한 독특한 구조를 하고 있다. 그래서인지 금강계단의 위엄과 상징성을 더욱 높여 주고 있다. 건물의 사방에 걸려 있는 편액들의 이름이 전부 다르다. 동쪽에는 대웅전, 서쪽은 대방광전, 남쪽은 금강계단, 북쪽에는 적멸보궁이라고 쓰여 있다. 모두 흥선대원군 이하응이 쓴 편액으로 정성이 가득 담겨 있다. 흥선대원군은 불심이 깊은 불자였던 것 같다.

대웅전 안에는 불상을 모시지 않고 있다. 금강계단에 부처님의 진신사리를 모시고 있기 때문이다. 대신에 불단을 마련하여 금강계단으로 창을 내어 예배를 드릴 수 있도록 하고 있다.

· 구룡지

통도사가 있던 터는 원래 아홉 마리의 용이 살았다는 큰 연못이었다. 대웅전 앞의 연못 구룡지는 몇 자 안되는 조그만 연못이지만, 아무리 가뭄이 들어도 수량이 줄지 않고 흐르는 물이 옛터의 흔적을 말해 주고 있다.

특별한 이유 없이 절에 왔더라도 한 번쯤 자신을 돌아보게 된다. 그러다 생각 없이 깨달음이란 무엇일까 하고 물음을 던져 보기도 한다. 이럴 때 멋진 대답을 해 준 시인이 있다. 도종환 시인이다. '사람은 누구나 꽃이다' 라는 시에서 그는 이렇게 노래한다. 깨달음이란 무엇일까? 모르는 것을 알게 되는 것이 아니라, 이미 알고 있는 것을 아는 것. 그것이 참된 깨달음이라고…

·대웅전

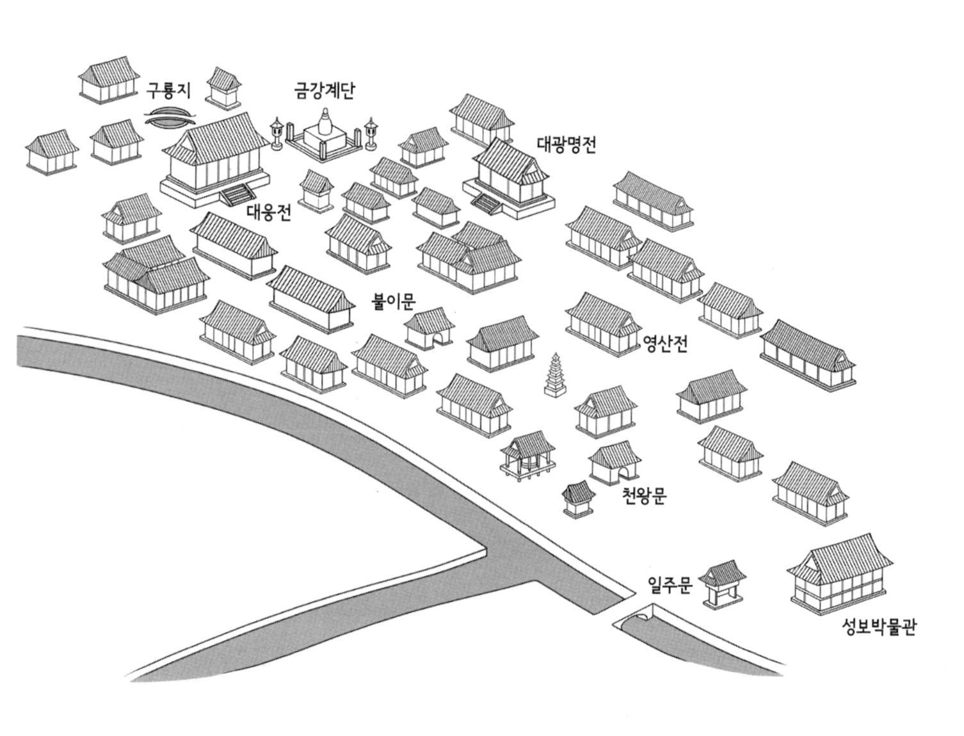

주소: 경상남도 양산시 하북면 통도사로 108
창건연대: 646년(신라 선덕여왕 16)
창건자: 자장율사
홈페이지: http://www.tongdosa.or.kr

13
봉은사

G20 정상회의와 핵안보 정상회의로 외국인들에게도 널리 알려진 번화가 안의 사찰 봉은사! 대지가 우주와 교감하는 밤이면 도심의 불빛을 거두고 고고함과 고즈넉한 분위기를 한껏 내는 봉은사! 봉은사는 서울 도심 속의 야트막한 수도산에 있다. 794년 신라 원성왕 때 연회국사가 창건하였으며 처음 이름은 견성사였다. 그러다 1498년 연산군 때 선왕 성종의 왕릉을 위하여 크게 중창하고 이름을 봉은사로 고쳤다.

조선 전기 불교의 중심

봉은사는 유교 중심의 조선 시대에 불교 발전과 쇠퇴의 중심에 있었다. 그리고 무엇보다 당대의 유명한 스님들과 인연이 깊다. 조선 전기는 유교사회였지만 여전히 종교로는 불교를 숭배했으며 왕실에서도 마찬가지였다. 이들 중 중종의 왕비이자 명종의 어머니였던 문정왕후는 독실한 불교신자로 조선 전기 불교의 부흥에 큰 역할을 한 인물이다. 명종 때 수렴청정을 하였던 문정왕후는 1550년 봉은사를 선종의 중심사찰로 삼았고, 이를 계기로 봉은사는 중요사찰이 되었다.

또한 문정왕후는 전국에 있던 300여 개의 사찰을 공인하였고, 보우스님을 봉은사 주지로 임명하였다. 억불정책으로 폐지됐던 도첩제를 실시하여 스님이 되는 길을 다시 열었다. 이때 지금의 봉은사 앞 코엑스 자리에서 2번에 걸쳐 스님들을 대상으로 승과를 실시하였다. 임진왜란 때 큰 활약을 하였던 유명한 서산대사와 사명대사가 여기서 실시한 승과로 발탁되었다.

문정왕후가 갑작스럽게 사망한 후 20여 년간 부흥했던 불교는 다시 침체되었다. 보우스님은 제주도로 유배되었다가 죽임을 당하고, 선교 양종과 승과제도는 폐지되었다.

·사명대사 ·서산대사

그러나 임진왜란이 일어나자 왜군에 대항하여 승군을 조직하여 목숨을 걸고 싸운 스님들의 활동으로 불교는 조선 정부로부터 어느 정도 인정받게 된다. 봉은사에서 승과에 급제한 서산대사와 사명대사는 승군을 조직하여 큰 공을 세웠다. 서산대사는 봉은사 주지를 역임하였다.

벽암스님

특히 봉은사에 계셨던 벽암스님은 임진왜란 이후 불교계가 다시 일어서는 데 큰 역할을 하였다. 벽암스님은 임진왜란 당시 해전에 참가하였다. 광해군은 벽암스님을 봉은사에 머물게 하고 판선교

도총섭[1]判禪敎都摠攝의 직함을 내렸다. 1624년에는 조정의 명으로 승군을 거느리고 남한산성을 3년 만에 축조하였다. 1636년에는 병자호란이 일어나자 의승군 3천여 명을 모아 항마군을 조직하였다. 무주 적상산의 사고를 보호하기도 하였다.

이러한 호국 활동으로 징부로부터 인정을 받은 벽암스님은 쌍계사, 화엄사 등 많은 사찰들을 중창하였다. 스님의 노력은 사찰들이 유교 사회에서도 일정 정도 자리를 잡는 데 커다란 역할을 하였다.

김정희와의 인연

봉은사는 도성과 가깝고, 한강을 끼고 풍광이 아름다워 많은 사대부들과 인연이 깊었다. 특히 추사 김정희와 깊은 인연이 있다. 추사는 집안 대대로 불교를 믿었다. 제주도 유배 후에 또다시 북청에 유배를 당했던 추사는 말년에는 관직을 멀리하고 봉은사에서 많은 시간을 머물렀다. 현재 대웅전 현판은 추사 김정희의 글씨로 전하며, 특히 '판전板殿' 현판은 추사가 죽기 3일 전에 쓴 마지막 작품이다. 모든 화려함과 기교를

·판전 현판

1) 고려 말, 조선 시대에 나라에서 승려에게 내리는 최고 직책 중 하나

·대웅전

다 버리고, 마치 필법에 따라 어린아이가 쓴 것 같은 이 현판은 고졸미의 극치를 보여주는 추사의 마지막 작품이다. 판전의 낙관에는 칠십일과병중작七十一果病中作, 즉 71세 병중에 과천의 늙은이가 쓴 글씨라고 밝히고 있어 글씨 한 획 한 획에서 더욱 진한 인간미를 느낄 수 있다.

가장 좋은 모임은...

불가에 자신을 맡기고 삶을 정리하던 추사는 죽기 5개월 전에도 인생의 참의미와 즐거움을 다시 한 번 생각하게 하는 멋진 주련을 남겼다. "大烹豆腐瓜薑菜 高會夫妻兒女孫(대팽두부과강채 고회부처아녀손)" 즉, 가장 좋은 반찬은 두부, 오이, 생강, 나물이요, 가장 훌륭한 모임은 부부, 아들딸, 손자의 모임이라는 의미이다. 부귀영화와 더불어 두 번의 유배로 갖은 어려움을 겪었던 추사가 남긴 마지막 글귀여서인지 마음에 더욱 와 닿는다. 영원한 것이 없고, 변하지 않는 것이 없는 인생에 세월이 흘러갈수록 이보다 더 아름다운 것들이 있을까 되새겨 본다.

우리나라 어느 사찰보다도 많은 외국인이 찾아오는 절! 어느 절보다도 많은 사람이 마음 편히 찾아오는 절! 강남에서도 가장 번화한 코엑스와 마주하고 있는 봉은사! 이 자리를 천 년을 넘게 지켜왔는데 철골로 만든 우람하고 빛나는 코엑스는 과연 천 년 뒤에 어떤 모습일까? 봉은사는 어떤 모습일까?

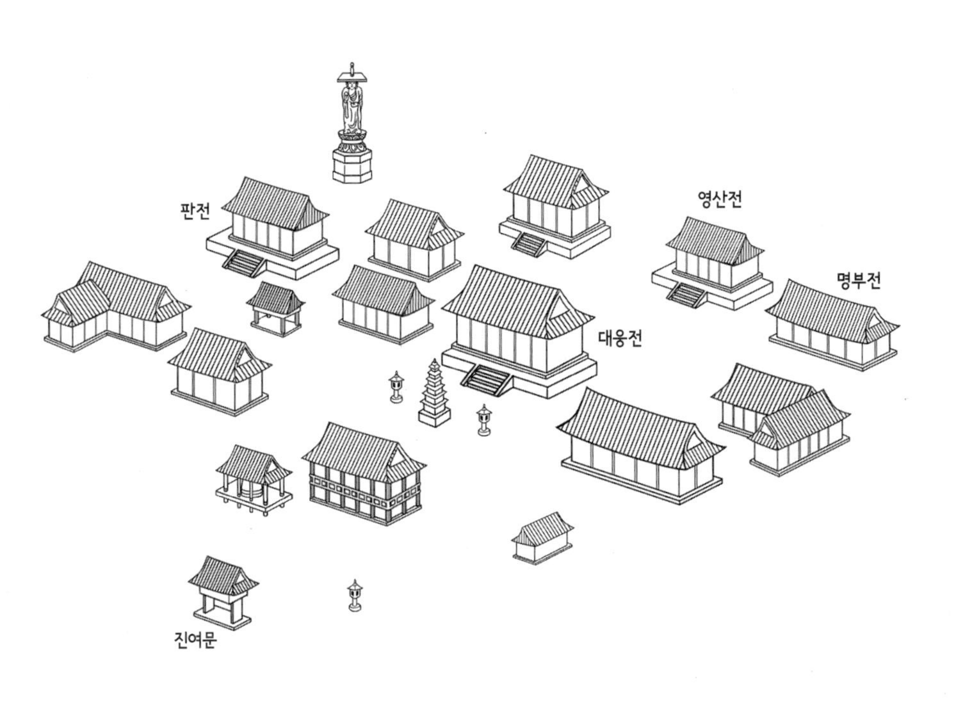

주소: 서울특별시 강남구 삼성동 73
창건연대: 794년(신라 원성왕 10)
창건자: 연회국사
홈페이지: http://www.bongeunsa.org

14 용주사

효행과 문기가 흐르는 화산 용주사! 그 주인공은 조선 후기 르네상스를 이끈 군주 정조대왕이다. 용주사는 정조의 마음의 고향이다. 주위에는 정조의 새 시대의 꿈을 담은 조선의 신도시 화성, 아버지 사도세자의 능인 융릉과 정조를 모신 건릉이 있다.

정조의 효심이 가득 담긴 용주사

·정조

용주사 자리에는 원래 854년 신라 문성왕 때 세워진 갈양사가 있었다. 정조는 어느 날 보경스님의 부모은중경에 대한 설법을 듣고 감동을 받았다. 그리고 원래 서울 동대문구 휘경동 배봉산에 있었던 사도세자의 무덤을 화성으로 이장했다. 그리고 이곳에 아버지 사도세자를 위한 원찰로 용주사를 다시 지었다.

사도세자는 28살 젊은 나이에 노론과 소론 사이의 당파싸움으로 뒤주에 갇혀 억울하게 희생되었다. 용주사는 정조가 아버지 사도세자의 명복을 빌기 위해 지은, 정조의 효행이 절절한 사찰이다. 낙성식 전날 용이 여의주를 물고 승천하는 꿈을 꾸어 정조는 용주사라는 이름을 지었다. 강력한 왕권을 행사했던 정조의 왕명으로

·홍살문 (오정자님 제공)

지은 사찰답게 용주사는 구석구석 견고하고 공을 많이 들였다. 홍살문과 행랑채가 길게 달려 있고, 궁궐의 대문 같은 삼문각 등 곳곳에 궁궐 양식을 띤 건축양식도 보인다. 그만큼 아버지의 융릉에 자주 행차했던 정조가 용주사를 아버지를 모시는 마음속의 행궁으로 여긴 듯하다.

정조는 용주사에 손수 정성을 다하였다. 대웅보전 편액은 정조가 직접 쓴 어필이다. 그 외에도 용주사 창건문과 상량문 그리고 용주사 창건기도 정조가 직접 썼다. 아버지를 위해 지은 용주사 곳곳에서 정성을 다한 정조의 극진한 효성을 느낄 수 있다.

효행 사찰 용주사를 상징하는 유물인 불설부모은중경판과 대웅보전의 후불탱화도 정조의 명으로 만든 것이다. 부처님이 설법하신 부모은중경은 용주사를 창건한 후, 1796년 사도세자의 넋을 위로하고 부모님의 은혜를 기리기 위해 목판에 간행한 것이다.

부모은중경의 첫 장면은 부처가 제자들과 길을 가다 길거리에 버려진 해골더미를 보고 이야기하는 장면으로 시작된다. 어머니는 아이를 낳을 때 3말 8되의 피를 흘리고, 8섬 4말의 젖을 먹인다고 한다. 이렇게 깊고 한량없는 부모님의 은혜에 대한 보답을 가르치고 있는 경전이 바로 부모은중경이다.

김홍도가 그린 불화

용주사 대웅전에는 매우 특이한 불화가 걸려 있는데, 이 탱화는 김홍도가 그려 더욱 유명하다. 정조는 본인이 뛰어난 미감을 갖고 예술을 즐겼을 뿐만 아니라 당대 예술을 부흥시킨 인물이다. 정조는 화가 단원 김홍도를 매우 파격적으로 대우하였고 사랑하였다. 그리고 김홍도에게 아버지를 위해 중흥한 용주사의 불화를 그리도록 맡겼다. 이 후불탱화는 김홍도가 초상화 화가로 유명한 김명기 등과 같이 그렸다. 이 그림을 그린 시기는 북경에 중국사절단으로 다녀온 직후이다. 그래서 이 불화에는 뛰어난 화면 구성과 원근감의 표현, 투시기법의 사용 등의 선진 기법이 사용되었다.

영산재를 보고 영감을 얻은 승무

근현대의 용주사는 조지훈의 '승무'를 탄생시킨 곳이다. 당시 18살이던 시인 조지훈은 용주사 천보루에서 열린 영산재를 보고 시적 영감을 얻었다. 구상에만 10개월, 집필에만 7개월이 걸려

1939년 암울했던 일제강점기에 한국인의 정서를 그대로 간직한 '승무' 가 탄생하였다.

세상에 시달려도 번뇌는 별빛이라
휘어져 감기우고 다시 접어 뻗은 손이
깊은 마음속 거룩한 합장인 양하고
이 밤사 귀또리로 지새우는 삼경인데
얇은 사 하이얀 고깔은 고이 접어 나빌레라

시 한 줄 한 줄에 움직이듯 멈추고 멈추듯 담았다 풀어내는 승무에서, 슬픔과 그리움을 안고 지지대 고개를 넘어 차마 발길을 돌리지 못하고 고개를 돌려 돌아보는 정조의 뒷모습이 느껴진다.

· 천보루 (오정자님 제공)

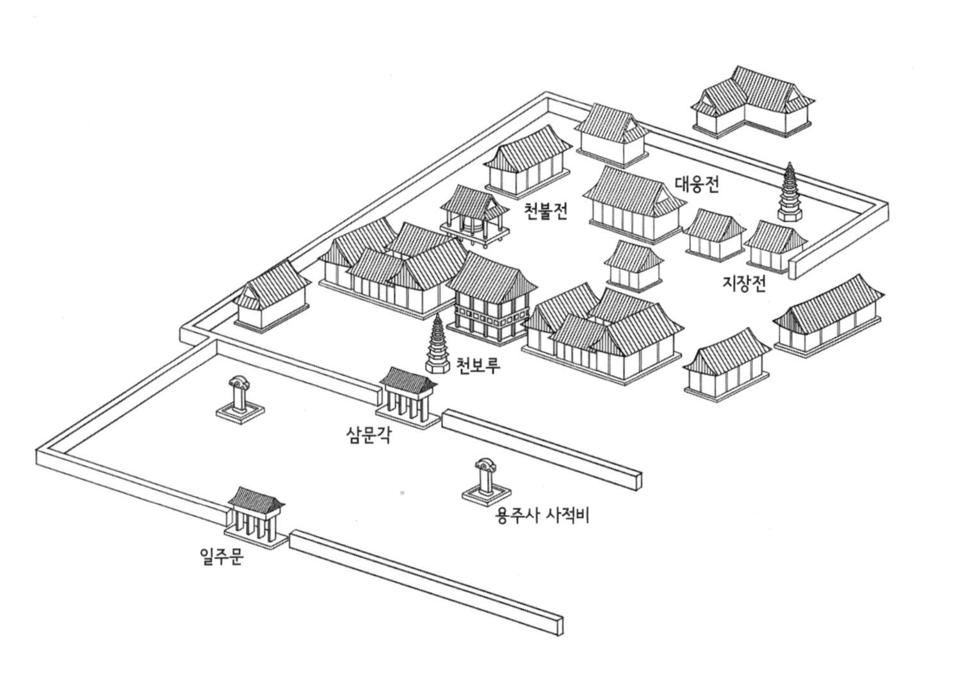

주소: 경기도 화성시 송산동 188
창건연대: 신라
창건자: 염거화상
홈페이지: http://www.yongjoosa.or.kr

15

동화사

대구에 있는 팔공산 동화사는 493년 창건된 유가사를 832년 신라 흥덕왕 때 심지대사가 중창한 것으로 전해지고 있다. 심지대사는 신라 제41대 헌덕왕의 아들이다. 절 이름은 심지대사가 중창 당시 한겨울에 오동나무에 보라색 꽃이 상서롭게 피어나 오동나무 동자를 써서 동화사라고 고쳐 불렀다고 한다.

봉황이 알을 품다

·봉황문

동화사는 풍수지리상 봉황이 알을 품고 있는 봉소포란형鳳巢抱卵形 지세라고 한다. 그래서인지 봉황과 관련된 이름이 많다. 일주문에는 팔공산동화사봉황문이라고 쓰여 있다. 일주문이 바로 봉황의 품에 들어서는 문이 된다. 봉서루 계단 앞에는 커다란 자연석이 놓여 있다. 봉황의 꼬리 부분에 해당하는 자리라고 한다. 봉서루라는 이름도 봉황이 깃든다는 의미이다. 그리고 인악대사비의 귀부는 보통의 거북 모양이 아니라 봉황이 알을 품고 있는 모양을 하고 있다. 봉황은 대나무 열매만 먹고 오동

·인악대사비귀부

나무에만 깃든다고 한다. 알을 품은 봉황이 오동나무, 즉 동화사에 크게 자리하고 있다는 의미이다.

바위 속에 감춰진 부처님을 드러내다

동화사 일주문 앞 바위에는 멋진 마애불이 있다. 보기 드문 아름다운 마애불이다. 마애불이란 암벽이나 바위 표면에 부처님을 새긴 것이다. 단단한 화강암을 넉넉하고 풍만하게 새겨 얼굴에 번지는 미소가 더욱 부드럽고 온화하다. 풀잎에 이슬이 맺히는 이른 아침에 마주하는 동화사 마애불은 부처의 세계를 더없이 아름답게 표현한다.

· 마애불

동화사 마애불이 새겨진 바위는 높지도 낮지도 않은 자리에 위치해 있다. 그 바위에 부처님은 오른발을 가볍게 풀어낸 자세를 하고 있다. 단정한 가부좌가 아니어서 내 마음도 부끄럼 없이 스르르 풀리듯 내보이며 합장을 하게 된다. 부드러운 얼굴과 눈빛은 선정에 든 모습이다. 대좌 아래로 구름이 날리는 모습이 자연스러우면서 너무도 아름답다.

석공들은 자신들이 마애불을 바위에 새긴 것이 아니라고 말한다. 원래부터 부처님은 바위 속에 감춰져 있었다고 한다. 단지 자신들은 부처님을 덮고 있는 껍질을 한 올 한 올 벗겨 내었을 뿐이라고… 내 손을 빌려 돌 속의 부처님이 모습을 드러냈을 뿐이라고…

행여나 부처님이 다칠까 얼마나 조심조심 정싱스럽게 돌 부스러기를 떼어 냈을까! 산이 많은 우리 땅에 지천에 널려 있는 화강암 바위들! 숲길가에 보이는 어느 바위 속에 부처님이 있는 걸까! 그 바위 앞을 지나면서 얼마나 많은 생각들을 하였을까… 하루 이틀 일 년 이 년 얼마 동안이나 지켜보면 바위 속의 돌부처가 말을 건네고 눈에 보일까… 동화사 마애불은 절을 세운 심지스님이 직접 정을 들고 새겼다는 말이 전해진다. 그래서일까! 어느 마애불보다도 정성과 울림이 깊게 느껴진다.

·대웅전

봉황이 깃들어 있다는 봉서루 누대 밑을 지나 절 마당으로 들어서면 정면에 대웅전이 있다. 높이 쌓아 올린 대웅전 축대 앞에는 괘불대 한 쌍이 있다. 그 옆에는 불을 밝히던 노주석이 단정히 자리하고 있다. 기단 위에 막돌로 초석을 놓고 휘어진 나무를 그대로 기둥으로 삼았다. 대웅전이란 이름이 알려 주듯 대웅전에는 석가모니 부처님이 주불로 모셔져 있다. 천장에는 세 마리의 용과 여섯 마리의 봉황이 아름답고 세련되게 조각되어 있다.

비로암의 석조비로자나불과 3층석탑

·3층석탑

동화사에서 놓치지 말고 들러야 할 곳이 비로암이다. 비로암은 동화사에서 남서쪽으로 약 300미터 떨어진 곳에 있다. 이곳에는 심지대사가 조성한 석조비로자나불과 3층석탑이 있다. 3층석탑은 전형적인 통일신라 시대의 양식이다. 혼란스러웠던 신라 말 왕위 계승 과정에서 젊은 나이에 억울하게 죽은 민애왕의 명복을 빌기 위해 세운 것이다. 이러한 내용은 탑 안에서 사리를 넣기 위한 사리장엄구가 발견되

·비로암 사리구

면서 알려졌다. 지권인을 하고 있는 석조비로자나불좌상도 석탑과 같은 시기에 세워진 것으로 추측된다.

팔공산 동화사에 들어서면 유난히 많이 볼 수 있는 것이 나무에 붙어 같이 살고 있는 겨우살이라는 풀이다. 겨우살이만큼이나 역사적으로 많은 이야기를 품고 있는 사찰이 동화사이다. 그런데 자꾸 입구에 있던 마애불로 마음이 간다.

바위 속 부처를 읽어 내고 바위 돌을 조금씩 떼어 내는 석공의 눈과 마음을 구해 보고 싶다. 어디에 있는 걸까? 모두가 부처이고, 세상 만물 속에 부처가 있다고 말을 하지만 알아보는 사람이 어디 있는가? 자신의 바로 눈앞에 있는 사람이, 부모가, 자신의 아내와 아들과 딸이 부처라는 것을 알아보는 사람이 얼마나 될까? 언젠가 어린 자식들을 도반[1]이라고 말하는 사람을 보았다. 세월을 지나 돌아보니 그가 바로 부처가 아니었을까! ☩

1) 함께 도를 닦는 벗

주소: 대구광역시 동구 도학동 35
창건연대: 493년(신라 소지왕 15) 혹은 832년(신라 흥덕왕 7)
창건자: 극달화상 혹은 심지대사
홈페이지: http://www.donghwasa.net

16 법주사

속리산 법주사는 553년 신라 진흥왕 때 의신스님이 창건하였다. 법이 머무른다는 의미인 법주사라는 이름은 의신스님이 나귀에 불경을 싣고 서역에서 돌아와 이곳에 머무른 것에서 유래한 것이다.

미륵신앙의 요람

· 청동미륵불

법주사는 미륵불을 주불로 모시는 미륵신앙의 요람이다. 미륵불을 모신 금산사를 세웠던 진표율사가 법주사를 제2도량으로 중건하였다. 미륵불은 석가모니 열반 후 56억 7천만 년 뒤에 석가모니 부처님이 미처 못 구한 중생들을 구하러 온다는, 기독교의 메시아와 같은 부처님이다.

법주사는 역대 왕조의 적극적인 비호를 받았다. 고려 공민왕은 1363년 법주사에 들렀다가 통도사에 모셔져 있는 부처님 진신사리 1과를 법주사에 봉안하도록 하였다. 조선 태조는 상환암에서 기도를 드렸고, 세조는 피부병을 요양하러 와 복천암에서 법회를 열기도 했다. 속리산으로 들어가는 길 가운데에는 정이품송이 있다. 세조가 이곳에 행차할 때 타고 있던 가마가 소나무에 걸릴까 봐 '연(가마)이 걸린다'고 외치자 가지가 번쩍 들어 올려졌다고 한다. 세조가 이 소나무에 정이품 벼슬을 내려 이름이 바로 정이품송이다.

법주사는 대부분의 다른 사찰처럼 임진왜란 때 화를 입어 완전히 전소되었다. 전란 후 팔상전은 사명대사 유정스님이 중건하였고, 벽암스님이 법주사를 크게 중창하였다.

법주사는 산속에 지어졌지만 넓고 평평하며 지세가 평온한 곳에 자리 잡고 있다. 사찰 구조물들은 전체적으로 크고 장엄하여 스스로 고개를 숙이고 마음을 단정하게 하는 힘이 있다. 또한 비교적 최근에 만들어진 거대한 규모의 미륵불상은 보는 사람을 엄숙하게 만든다.

목조탑 팔상전

법주사 팔상전은 우리나라에 하나밖에 없는 목조탑이다. 화순 쌍봉사 대웅전도 목탑이지만 화재로 소실되어 최근에 복원된 것이다. 목탑은 건물과 같은 구조로, 일단 그 규모를 크게 지을 수 있다는 장점이 있다. 우리나라도 석탑이 발달하기 이전에는 목조탑이 유행하였다. 그러나 외침과 전란을 많이 겪으면서 목조탑은 거의 불타 버렸다. 그래서 지금은 예전의 목조탑을 보려면 오히려

우리가 문화를 전파해 준 일본으로 가야 하는 안타까운 실정이다. 지금도 경주에 남아 있는 황룡사 목탑지를 보면 그 규모가 얼마나 어마어마했었는지를 짐작할 수 있다.

8가지 사건, 8가지 그림

목조탑에는 팔상전이라는 현판이 걸려 있다. 이 또한 다른 사찰에서 보기 힘든 특징이다. 팔상전은 석가모니의 생애 중에서 8가지의 중요한 사건을 그린 그림들을 봉안하기 위한 전각이다. 여덟 장면은 석가가 잉태되어 마야부인 태중에 내려오는 모습, 룸비니 동산에서 태어나 천상천하유아독존을 외치는 모습, 네 곳의 문을 통해 세상을 돌아보는 모습, 한밤중 출가하고자 말을 타고 성을 넘는 모습, 설산에서 수행하는 모습, 보리수 아래서 깨달음을 얻는 모습, 녹야원에서 설법을 하는 모습, 사라쌍수 아래에서 열반에 드는 모습이다.

즉, 팔상전은 이 팔상도를 모신 전각이자 탑이다. 탑이란 원래 인도의 스튜파에서 나온 말로 무덤이란 의미이다. 다시 말하면 탑은 부처님의 사리를 모신 무덤이다. 미얀마에서는 파고다라고 한다. 그래서 법주사 팔상전 안에는 우리가 자주 보는 일반 석탑처럼 사리를 모신 장치가 되어 있고, 벽마다 팔상도가 걸려 있다. 법주사 팔상전과 익산 미륵사지 석탑을 통해서 불교가 전래되었던 초기의 탑 양식을 그려볼 수 있다.

두 개의 석등

단지 사찰에서 생활하기 위해 필요한 물건이지만, 세월의 흔적과 규모로는 어느 유물보다도 놀라운 것이 있다. 바로 국이나 물통으로 쓰이던 약 5미터에 이르는 석조와 커다란 쇠솥이다. 당시 약 3천 명분의 식사를 준비할 수 있는 도구로, 당시 번창했던 사찰의 규모를 짐작할 수 있다.

· 쇠솥

우리나라 전통 건축은 주변의 자연환경과 얼마나 아름답게 조화를 이루는가를 매우 중요시하였다. 예로부터 자연과의 조화를 중시하여 인위적이기보다는 산의 지형이나 주변의 환경을 잘 이용하여 세워진 사찰의 특징과도 일맥상통한다.

그런 점에서 법주사를 한층 빛나게 만드는 것이 아름다운 두 점의 석등이다. 하나만 있어도 귀한 석등이 법주사에는 두 점이나 있는 것이다. 대웅보전에서 팔상전에 이르는 앞마당에는 국보로 지정된 신라 시대의 쌍사자석등이 지나온 세월을 밝히며 서 있다. 지혜로운 사자 두 마리가 있는 힘을 다해 포효하며 화사석을 받들고 있는 모습이 매우 정교하게 조각된 석등이다. 그런데 이 오래된 석등을 보호하기 위해 석등보호각을 세워 하늘을 가려 놓았다. 세월은 흘러가고 우주에 변치 않는 것은 없거늘...

·쌍사자석등

세월이 흘러 산이 바위가 되고 우주를 밝히던 석등이 모래로 돌아가는 것은 당연하다. 석등을 세웠을 당시에는 여기에 늘 불을 밝혀 조석으로 부처의 진리를 밝히는 도구로 삼았을 것이다. 하늘을 가려서 답답해진 쌍사자석등이 제 빛을 보지 못해 안타깝다.

그래서인지 대웅보전 앞의 사천왕석등에 더 마음이 간다. 화사석에 사천왕이 새겨져 있는 이 석등은 보물로 지정될 정도로 아름답다. 56억 7천만 년 뒤에 오실 미륵불이 길을 잃지 않도록 매일매일 이 법주사 마당에서 불을 밝히고 있다.

·사천왕석등

법주사는 여러 가지로 재미있는 곳이다. 법주사 석련지는 도대체 어디에 쓰는 물건인지? 마당 위 큰 돌 속에 곱고 섬세하게 새긴 연꽃으로 된 연못이라니! 어찌 보면 잘 만든 와인잔 같기도 하고! 혹시 미륵불이 오시는 날 축배를 들려고 준비한 이슬(?)을 담은 잔은 아닌지...

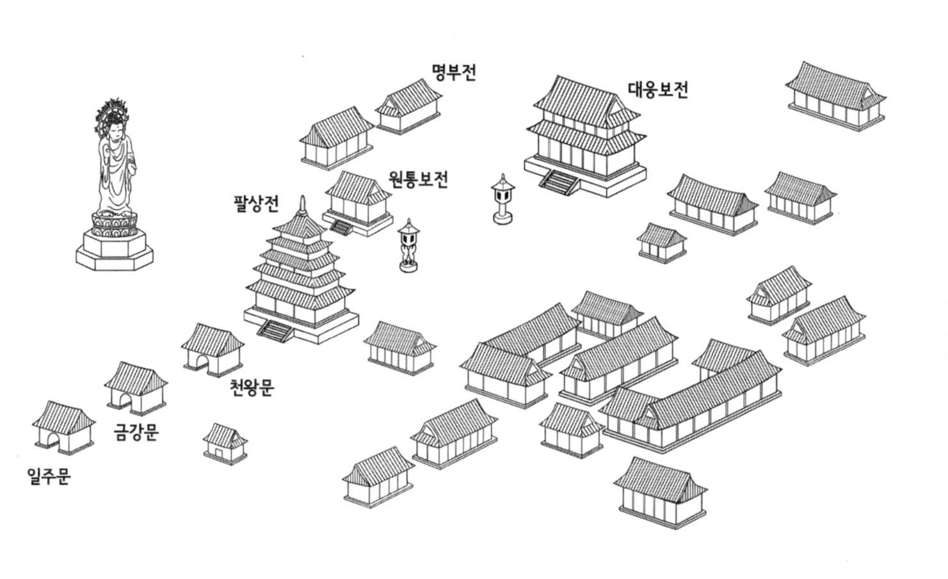

주소: 충청북도 보은군 속리산면 법주사로 405
창건연대: 553년(신라 진흥왕 14)
창건자: 의신스님
홈페이지: http://beopjusa.org

17 대흥사

관음 백일기도

·일주문 (김기천님 제공)

남해를 바라보고 있는 우리나라 땅끝마을 아름다운 두륜산 대흥사! 호국불교와 차 문화의 성지로 이름 높은 곳이다. 예전에는 두륜산을 대둔산이라고 불러 절 이름도 원래 대둔사였다. 대흥사 창건은 여러 설이 있으나, 응진전 앞에 있는 3층석탑이 통일신라 말기 양식으로 추정되어 통일신라 말기 이전에 세워진 것으로 보인다. 사찰에서는 544년 신라 진흥왕 때 아도화상이 창건했다는 설을 따르고 있다.

일 년 연중 난류가 흐르는 남해의 따뜻한 기후와 빼어난 경관을 가진 두륜산이 만들어 낸 대흥사로 들어가는 숲길은 너무도 아름답다. 따뜻한 기운을 받은 남도의 푸른 잎이 빛나는 활엽수들이 만들어 내는 달콤한 공기를 마음껏 마시며 걸어야 한다.

·승탑밭

승탑을 기어다니는 꽃게

남쪽 바다 근처에 있는 대흥사는 미황사와 함께 다른 지역에서는 볼 수 없는 아름다운 승탑밭이 있다. 여름이면 아이들이 가재를 잡고 물놀이를 하는 계곡길가에 아담하게 자리하고 있다.

대흥사 승탑밭에 들어서면 시대와 예술성 등 양식을 생각하지 말고 고개를 숙이고 승탑들을 잘 살펴보시라. 기단 아래 부분을 찬찬히 살펴보면 승탑을 살아 움직이며 기어 다니는 듯한 꽃게, 불가사리, 연꽃 등 여러 가지 귀엽고 앙증맞은 조각들이 새겨져 있다. 한국인 몸에 배어 있는 유머와 운치가 느껴져 절로 웃음이 터져 나온다. 이렇게

·승탑을 기어다니는 꽃게

죽음을 아름답게 즐겁게 승화할 수 있는가! 절로 미소가 머금어지고 가슴이 탁 트인다.

호국불교의 중심

대흥사는 호국불교의 전통이 살아 있는 도량이다. 서산대사는 대흥사를 삼재가 미치지 못하고, 만년이 지나도 훼손되지 않을 좋은 곳이라고 했다. 임진왜란 당시 서산대사가 이끈 승군의 총본영이 있었던 곳이며, 서산대사가 의발을 전하면서 한국불교의 중심 사찰이 되었던 절이다.

경내의 표충사表忠祠는 임진왜란 당시 승군을 이끌며 큰 활약을 하였던 서산대사와 사명대사, 처영스님의 뜻을 기리기 위해 영정을 모시고 있는 사당이다. 활달한 힘이 느껴지는 행서로 쓴 표충사와 예서로 쓴 어서각이란 편액은 정조 임금이 직접 써서 내린 것이다.

·표충사 (김기천님 제공)

초의선사와 추사의 우정

대흥사는 초의선사와 추사의 우정이 담겨 있는 곳이다. 다성이라 불리며 조선 후기에 우리나라의 다도를 정립한 초의선사! 초의선사는 부처님이 말씀하신 진리와 참선의 기쁨을 차茶를 마시며 느낄 수 있다는 다선일미茶禪一味사상을 바탕으로 다도를 선의 경지로 통하게 하였다. 추사 김정희, 소치 허련 그리고 강진에 유배와 있었던 다산 정약용과도 깊은 교유를 나누었다. 스님은 대흥사 동쪽 계곡 위에 일지암을 짓고 40여 년 동안 다선삼매를 누렸다.

조선 명필들이 써낸 편액

대흥사의 여러 전각들의 편액에서 정조 임금의 글씨를 비롯해 조선 시대 명필들의 필력을 느낄 수 있다. 대웅보전과 천불전, 침계

·천불전 (김기천님 제공)

루는 해남에서 가까운 진도에 유배되었던 원교 이광사가 쓴 것이다. 원교 이광사는 우리나라만의 독특한 동국진체를 만든 당대 제일의 서예가였다. 이광사가 쓴 대웅보전 편액은 부드러운 듯 유려하면서도 굳센 골기가 느껴지는 아름다운 글씨이다.

그보다 80여 년 늦게 태어난 추사 김정희는 바로 전 시대의 일인자 이광사를 조선의 글씨를 망친 사람이라며 무척 비판하였다. 김정희는 제주로 유배길에 동갑내기로 깊이 교유하고 있었던 초의선사를 만나기 위해 대흥사에 잠시 들렀다. 이광사의 대웅보전 현판을 보고는 글씨도 아니라며 대신에 자신이 쓴 무량수각이란 편액을 써서 걸도록 하였다.

추사 김정희는 길고 힘들었던 제주도 유배를 끝내고 돌아오는 길에 초의선사를 만나러 대흥사에 다시 들렀다. 기름기 자르르 흐르

는 자신의 예서체 무량수각 글씨를 보고선 원래 있었던 이광사의 편액을 다시 걸도록 했다. 자기만이 최고라고 여기고 다른 사람을 인정할 줄 몰랐던 추사의 담담한 고백이 멋이 있다. 대흥사에는 초의선사가 정성을 다해 만든 차를 받고서 그 고마운 마음으로 추사가 문기가 깊게 흐르는 예서로 쓴 걸작 '명선茗禪' 이란 작품도 전해지고 있다.

애써 참선을 하지 않더라도 차 한잔과 묵향을 즐길 줄 안다면, 꼭 득도를 하지 못하더라도 더없이 아름다운 인생이 아닌가?

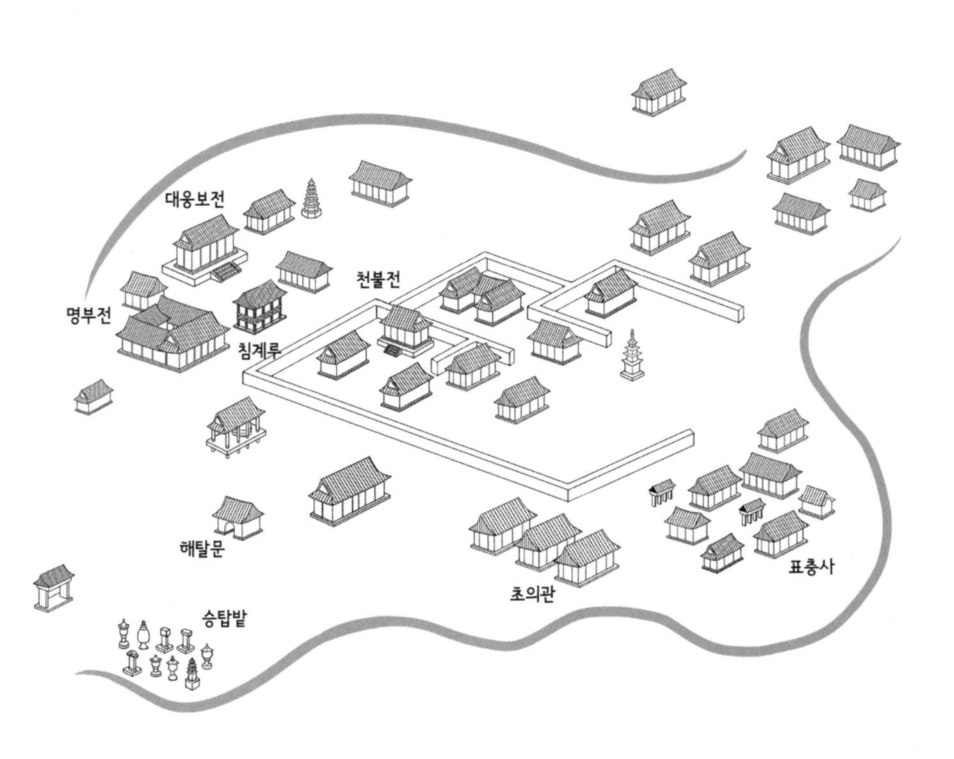

주소: 전라남도 구례군 마산면 황전리 12
창건연대: 754년 전후(신라 경덕왕 13)
창건자: 연기조사
홈페이지: http://www.hwaeomsa.org

18 운문사

맑고 깨끗한 길 청도 호거산 운문사! 구름도 마음을 여는 곳! 봄날 운문댐을 따라 30리 벚꽃 길을 따라, 가을날 감나무 단풍을 즐기며 가는 운문사길! 운문사는 눈으로 보는 곳이 아닌 마음으로 만지고 숨 쉬고 느끼는 곳이다.

운문사는 우리나라의 비구니 즉 여자 스님들의 수행처이자 공부하는 곳으로 유명하다. 그래서 지금도 뛰어난 비구니들을 배출하고 있다. 그래서인지 스님들의 손길이 구석구석 미치지 않은 곳이 없구나 하고 느낄 수 있을 정도로 사찰이 정갈하다.

아름다운 솔밭길

운문사 솔밭길처럼 아름다운 길이 어디 있을까... 사찰 입구에 들어서자마자 오른쪽 계곡길 옆으로 보드랍고 고운 흙을 밟으며 솔밭길을 걸으면 아침 구름이 된다. 솔밭길을 두고 자동차를 타고 가는 사람을 마음껏 비웃어도 욕이 되지 않는다. 세상에 이런 길이 어디 있을까! 배경이 없이 홀로 아름다운 것은 없듯이, 운문사를 드러내 주고 운문사를 배경 삼아 구름을 머물게도 하는 아름다운 솔밭이 있다.

지나는 바람에 몸을 맡긴 듯 이쁜 소나무들이 허리를 돌려 춤을 춘다. 하늘을 이고서 솔향기를 뿜어내는 청송의 고고한 아름다움을 느낄 수 있다. 그런 아름다운 자태의 허리 밑둥에는 아픈 상처가 남아 있다. 소나무마다 어른 가슴만큼이나 큰 상처가 하나씩 있다. 껍질을 벗겨 내고 날카로운 칼로 소나무 속살을 사선으로 그어 놓은 상처가 그대로 남아 있다. 일제강점기에 태평양전쟁으로 석유가 부족했던 일본이 송탄유를 만들기 위해 송진을 받아 낸 자국이다. 저 소나무들처럼 곱고 이쁘던 우리 청춘들이 위안부로, 징용노무자로, 학도병으로 끌려갔던 아픈 역사를 사람은 잊고, 저 운문사의 적송들만이 기억하고 있는 것 같다.

도량석과 새벽 예불

절집이 보인다. 고요하다. 지난 밤 늦은 저녁을 주시던 큰고모 같던 절집 앞 식당 아주머니는 오늘도 새벽 예불을 드렸을 것이다. 우주가 열리는 시간 새벽 3시! 새벽이라고 말하기에도 너무 이른 시간에 행자스님이 사찰을 돌아다니면서 목탁을 두드리는 소리로 절집의 하루는 시작된다.

새벽 예불 전에 하는 이 의식을 도량석이라고 한다. 수행에 방해가 되는 미혹을 도량에서 깨끗이 씻어 내고, 잠들어 있는 천지만물을 깨우는 의식이다. 이내 법고와 목어, 범종 소리가 이어지면서 새벽 예불이 시작된다. 파란빛이 도는 까까머리에 맑고 영롱한 눈빛, 곱디고운 두 손 끝에 마음을 모아 지심귀명례와 무상게, 반야심경 등을 낭송하는 그 울림은 자연의 소리 그 자체이다.

운문사에는 비구니의 승가대학이 있다. 현재 260여 명의 비구니들이 하루 일하지 않으면 하루 먹지 않는다는 청규를 지키며 수행이라는 아름다운 길을 가고 있다. 잠들어 있는 세상에 울려 퍼지는 우주의 장중한 울림이다. 운문사에는 도시의 아파트에서 느낄 수 없는 또 다른 새벽이 있다.

운문산 호거사?

세상이 초록을 더하고 돌담길에 벚꽃이 날리면 운문사는 더없이 아름다운 세상이 된다. 절집 안이 훤히 들여다보이는 낮은 기와 돌담 너머로 풍겨 오는 경외감에 꽃비 속에도 마음을 단정히 하게 한다. 돌담을 따라 범종각으로 들어서면 바로 부처님 세상이다. 호랑이가 거한다는 호거산이기 때문일까? 운문사에는 일주문도 금강문도 천왕문도 없다. 그런데 들어서면 절집은 반듯하고도 장중한 느낌이다. 가만히 절집을 보고 산세를 보니 이름을 다르게 불러 보면 어떨까 하는 생각이 든다. 호거산 운문사보다 운문산 호거사라고 부르면 어떨까!

사찰 안의 절집들의 군상이 꼭 호랑이가 앞발에 힘을 주고 앉아 있는 것 같다. 예불소리는 호랑이의 독경소리였나! 너나 할 것 없이 모두를 안아 줄 것 같은 만세루가 쾌활하다. 여름이면 아이들도 만세루에서 참선도 하고 욕심과 어리석음이 무엇인지 마음공부도 하나 보다. 아이들이 노닐고 있는 걸개그림이 탱화보다도 생기를 돌게 한다. 절집은 항상 사람이 살고 있어서 좋다.

운문사에는 많은 문화재가 있지만 다른 곳에서 쉽게 볼 수 없는 것이 작압전 안의 사천왕 석주이다. 사천왕상이 석주 형태로 이렇게 남아 있는 것이 거의 없다. 통일신라 말기에 가면 석탑 기단부

·만세루 (운문사 제공)

에 새긴 사천왕이 있긴 하지만, 이렇게 크게 남아 있는 사천왕상은 거의 없다.

일연스님의 삼국유사 집필

운문사에 가장 좋은 생기를 불어넣어 준 분은 일연스님이다. 일연스님은 1277년 고려 충렬왕 때 약 5년 동안 운문사 주지로 머물렀던 인연이 있다. 일연스님은 14살에 출가하였다. 일연스님이 살았던 시대는 우리 역사에서 가장 혼란스러웠던 시기였다. 고려 무신정권이 들어서면서 농민과 천민들의 난이 전국적으로 일어나고, 몽고의 침입와 간접 지배를 당했던 시기였다. 무엇을 할 것인가! 무엇을 할 수 있을까!

스님은 78세에 국사가 되었지만, 곧 국왕을 비롯하여 온 백성의 존경과 사랑을 뒤로 하고 경북 군위의 인각사로 물러났다. 일연은 인각사에서 삼국유사를 완성하였다. 삼국유사는 왕 중심의 역사뿐 아니라 일반 백성들의 삶의 모습까지도 포함된 고대 삼국의 모습을 잘 서술하고 있다. 삼국유사는 우리나라의 건국 신화인 단군 신화와 당시 백성들의 삶의 바탕이 된 많은 설화와 효행을 기록하고 있다. 고승들의 행적과 사찰과 탑 등에 얽힌 살아 있는 이야기를 전하고 있다.

일연스님은 왜 삼국유사를 남겼을까? 이 세상 모든 사람이 수행자가 된다고 모두 깨달음을 구할 수 없다. 수행자가 되지 못하는 사람들은 무엇으로 남는가? 수행자는 발우와 의발 외에 무엇도 전하려 하지 않고, 사리 외에 무엇을 남기려 하지 않는다. 아니 사리도 남기려 하지 않는다. 역사는 누구의 이야기인가! 역사는 수행자 이외의 사람들의 이야기인가... ☨

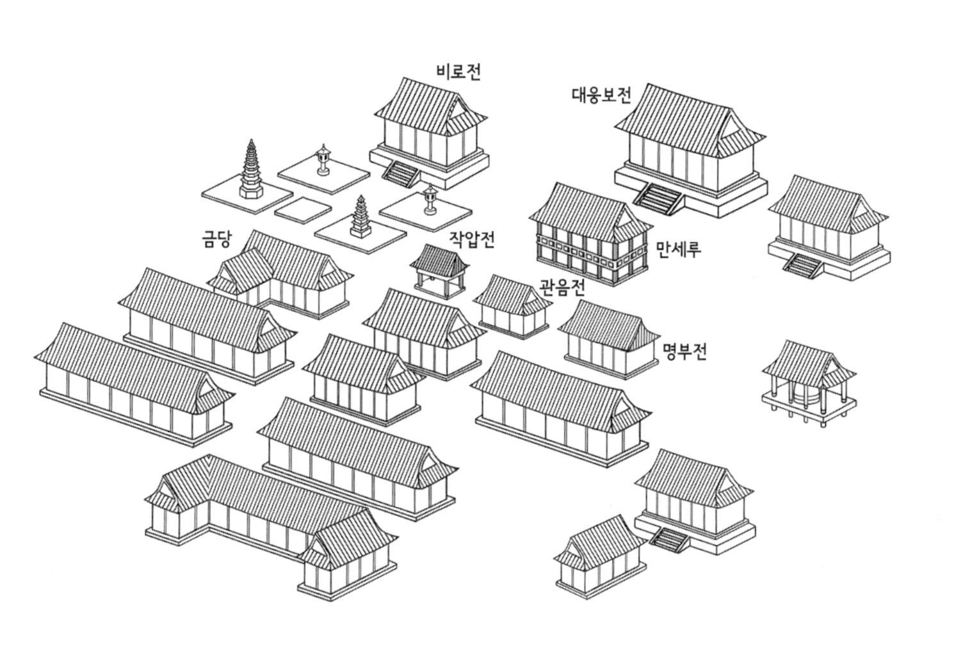

주소: 경상북도 청도군 운문면 운문사길 264
창건연대: 560년(신라 진흥왕 21)
창건자: 한 신승(神僧)
홈페이지: http://www.unmunsa.or.kr/home/

19

전등사

강화도는 우리나라 중앙에 흐르는 한강과 예성강, 임진강 3대 하천의 어귀에 위치하고 있다. 조선 시대에는 서울의 관문이자 지방에서 걷어 올린 세금이 조운을 통해 반드시 거쳐야만 했던 중요한 곳이다.

강화노는 선사 시대 이래 우리나라 역사 순례의 보고이다. 고인돌과 건국 시조 단군왕검이 제사지내던 참성단, 몽고 항쟁 유적지들이 남아 있으며 병자호란, 개항기의 운요호사건과 병인양요, 신미양요 등 수많은 역사적 사건의 흔적들을 볼 수 있다.

전등사는 우리 역사의 수난과 저항의 흔적을 고스란히 간직하고 있는 강화도의 중심사찰이다. 전등사는 381년 고구려 소수림왕 때 아도화상이 신라에 불교를 전하러 강화도를 통해서 가는 길에 창건하였다.

처음 이름은 진종사였다. 고려 충렬왕의 비 정화궁주가 옥등을 시주하면서 전등사로 이름을 바꿨다는 이야기가 전한다. 전등이란 부처님의 진리의 말씀을 전한다는 의미이다. 당시 정화궁주가 송나라의 대장경을 구해 전등사에 보관하게 했는데 아마도 거기에서 유래한 듯하다.

·마니산에서 본 강화도

사찰의 승전비

전등사는 단군의 세 아들이 쌓았다는 삼랑성(정족산성) 안에 세워진 강화도 역사의 한 중심에 있는 절이다. 일주문 대신 삼랑성문을 들어서면 양헌수 장군의 승전비가 있다. 사찰에 승전비가 있다니! 이게 강화도의 역사다.

양헌수 장군은 1866년 병인양요 당시 신식무기로 무장한 프랑스 해병대 160여명이 정족산성을 공격했을 때 구식무기로 물리쳐 결국 프랑스군이 조선에서 철수하도록 만든 장군이다. 병인양요 당시 강화성을 점령했던 프랑스군은 외규장각 도서와 많은 보물들을 약탈해 갔다.

·의궤

2011년 봄 병인양요 때 빼앗겼던 외규장각 왕실 의궤 297권이 145년 만에 돌아왔다. 프랑스 국립도서관 사서로 일하면서 의궤를 처음 찾아내고, 끈질기게 반환 노력을 하였던 박병선 박사는 그해 11월 돌아가셨다. 승전비 옆에 두어 잊지 말아야 할 전등사의 또 하나의 역사다.

대웅전 나부상

서해 바다를 가슴에 품고 앉아 있는 대조루를 지나면 한국 건축의 오묘한 멋을 한껏 맛볼 수 있는 전등사의 백미 대웅전이 우아한 멋을 더한다. 크고 작은 자연석을 쌓아 기단을 만들고, 다시 막돌로 초석을 놓아 기둥을 세운 대웅전은 처마가 날렵하게 올라가 금방이라도 서해 바다 위로 날아오를 듯하다. 화려한 대웅전 처마 아래를 가만히 보면 지붕을 힘겹게 이고 있는 조각상이 있다.

사찰에 전해 내려오는 얘기에 따르면 이 조각상은 나부상이라고 한다. 여러 차례 화재로 몇 번 중건을 했던 대웅전을 17세기 말쯤 또 중건을 하게 되었다. 당시 나라 안에서 내로라하는 도편수가 맡아서 했다. 고향집을 멀리 떠나온 도편수는 절 아랫마을 주막에 있는 주모와 눈이 맞았다. 사랑에 눈이 멀어 버린 도편수는 돈을

버는 대로 주모에게 갖다 주면서, 대웅전 불사가 끝나면 살림을 차리기로 약속도 하였다. 그런데 대웅전이 다 완성되기 직전에 주모는 돈을 챙겨 야반도주를 하고 말았다. 사랑의 배신감과 그리움과 분노를 참을 수 없었다. 도편수는 도망친 여인을 생각하며 발가벗은 여인을 조각해 대웅전 처마 네 귀퉁이에 붙들어두어 지붕을 떠받치도록 했다고 한다.

·나부상

절집 금당에 전해오는 얘기 중에서도 재미있기로 제일이다. 무엇보다 부처님을 모신 금당에 속된 사랑 얘기를 끌어온 것이 그렇고, 계급사회였던 조선 시대에 아무리 뛰어난 도편수라 하더라도 주지스님이 있고 시주를 한 공양주가 있는데, 금당에 그런 나부상을 마음대로 걸 수 있는 권한을 가졌다니! 자신의 영역 내에서는

자신의 생각을 얼마든지 담아낼 수 있었던, 요즘 시대에도 힘든 사회적 융통성과 소통이 빛나는 얘기이다.

발가벗은 조각상을 물끄러미 보면 지붕을 이고 있는 것이 바로 도편수 자신이 아닐까 하는 생각도 든다. 정성을 다해 부처님을 모실 금당을 만들어야 할 도편수가 고향집 처지식을 비릴 생각까지 할 만큼 색정에 빠진 자신을 돌아보고 못 다한 마음을 두고두고 더하겠다는 그런 의미 아닐까 하는 생각도 들지만, 사찰에 전해오는 나부상 얘기가 우리 선조들의 해학의 경지를 느끼게 해 주어 좋기만 하다.

강화도 전등사에 와서 조선왕조실록을 보관하던 정족산 사고를 보면, 병인양요 때 강화도를 약탈했던 프랑스 장교가 남겼다는 푸념이 조그만 자존심을 세워 준다. 조선의 조그만 이 섬에서 아무리 가난한 초가집이라도 어느 집이든지 책이 있어서 감탄과 더불어 몹시도 자존심이 상했다는 말을 남겼다고 한다. ‡

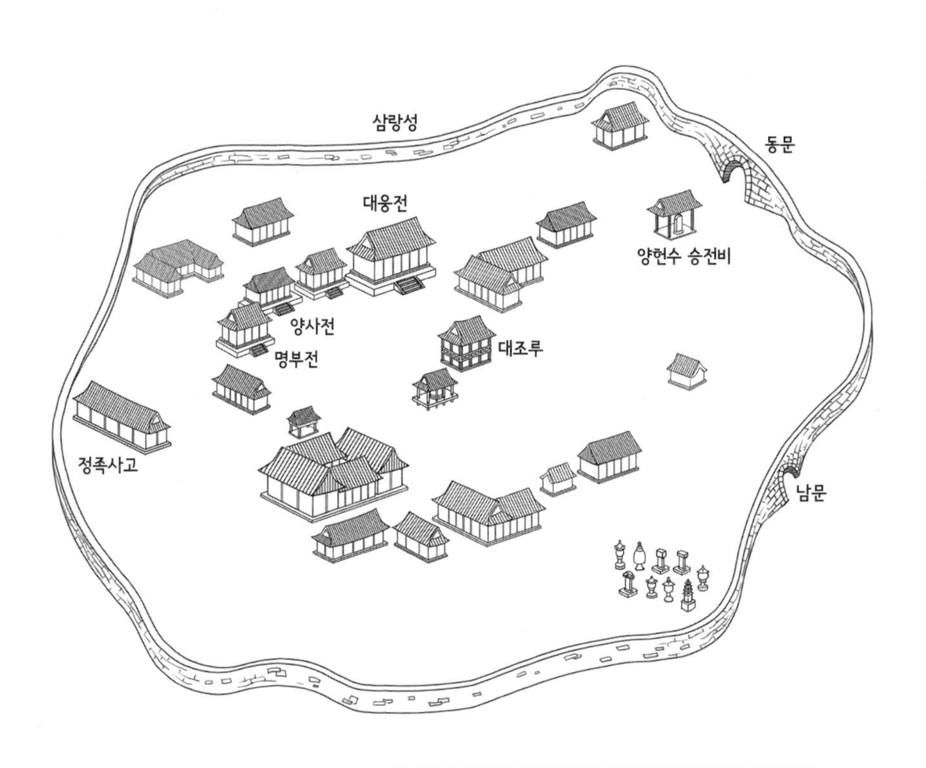

주소: 인천광역시 강화군 길상면 온수리 635
창건연대: 381년(고구려 소수림왕 11)
창건자: 아도화상
홈페이지: http://www.jeondeungsa.org

20 흥국사

겨울에 빠알간 동백꽃이 피는 아름다운 여수! 도로 가운데로 스무 갈래 손가락을 펼치듯 서 있는 종려나무는 남국의 분위기를 물씬 풍긴다. 여수는 2012년 여수엑스포를 개최하면서 우리나라의 재도약의 발판을 마련하고 있다. 그곳 영취산에는 우리나라가 어려움에 처했을 때 버팀목이 되어 주고 번영의 깃발을 흔들어 주는 흥국사가 있다.

호국불교의 중심 사찰

흥국사는 1195년 고려 명종 때 보조국사 지눌스님이 창건하였다. 흥국사 사적기에는 이 절이 잘되면 나라가 잘되고, 나라가 잘되면 이 절도 잘될 것이라고 적고 있다. 종교보다도 나라의 안녕과 번영을 우선으로 한 호국불교의 대표적인 사찰이다. 그래서 이름이 흥할 흥興에 나라 국國이다.

호국불교의 중심 사찰로서 결정적인 역할을 했던 시기는 임진왜란 때이다. 여수는 임진왜란과 정유재란 당시 충무공 이순신 장군이 지휘한 전라좌수영이 있던 곳이며, 흥국사는 승군의 중심지였다. 이순신 장군은 임진왜란 당시 호남 사람들의 역할을 두고 말했다. "호남이 없으면 나라도 없다!" 그 호남 사람의 중심이 남해바닷가 여수 사람들이다. 지금까지도 이 말은 이곳 사람들에게 큰 자부심으로 전해지고 있다.

흥국사는 특히 이순신 장군의 해전을 직접 도운 의승수군義僧水軍의 중심지였다. 이들은 전쟁 당시 해전과 더불어 전함 축조와 수리, 산성 축성 등의 활동을 하였다. 그래서 흥국사는 일본군의 중심 표적이 되어 거의 폐허가 되었다. 임진왜란 직후에는 700여 명이었던 의승수군의 규모는 300여 명 정도로 정비되어 활발하게 활동하였다. 흥국사의 의승수군은 1812년까지도 왜구격퇴 등의 활동을 하면서 유지되었다.

바다를 담은 대웅전 마당

흥국사는 남해 바닷가에 있는 사찰답게 독특한 아름다움을 간직하고 있다. 영취산 자락에 포근히 앉아 있는 대웅전 마당은 밀물에 밀려오는 파도로 쓸어 놓은 듯 정갈한 느낌이 든다. 대웅전 마당이 좋아 썰물에도 빠져나가지 않은 듯이, 화강암에 조각한 용, 거북, 게 등 바다 동물들이 이곳저곳에서 노닐고 있다.

· 대웅전 (이주석님 제공, jslee.net)

대웅전 앞 석등은 저 멀리 인도양과 태평양을 오가던 거북이가 등에 지고 밤이면 우주의 별빛들을 불러 모으고 있다. 거북 등에 세워진 기둥 위의 화사석 네 개는 공양하는 모습이다. 지붕돌도 석등의 불빛이 저 멀리 하늘까지 날갯짓하듯 퍼져 나가도록 만든 아름답고 독특한 화사석이다. 대웅전 중앙계단과 축대에는 용과 거북, 게 등이 익살스럽게 새겨져 있다. 수행이란 이렇게 익살스럽고 유머가 있는 즐겁고 유쾌한 길인지도 모르겠다.

·대웅전 앞 석등

흥국사 앞마당은 바다를 형상화한 아름다운 공간이다. 대웅전은 반야용선을 형상화하였다. 반야용선이란 중생들이 사바세계에서 피안의 세계로 건너갈 때 타는 상상의 배를 말한다. 배를 타고 건너가면 길을 밝혀 줄 등대가 있어야 하리라. 장난기 가득한 거북이 반야용선이 길을 잃지 않도록 불을 밝혀 주는 볼수록 즐겁고 아름다운 공간이다. 흥국사 대웅전은 원래 순천 송광사 대웅전의 설계도면을 가지고 지었다. 당시 41명의 의승수군 스님들이 3년간 천일기도를 드리며 지었다. 송광사 대웅전은 한국전쟁으로 사라지고, 원래의 모습을 흥국사에서 볼 수 있다. 이러한 흥국사의 발원으로 인해 여수에 한국 근대화의 터전인 여수산업단지가 건설되었는지도 모를 일이다.

IMF 금융위기 때에도 여수산업단지의 불은 꺼지지 않고 우리나라 경제를 지켰고, 21세기 글로벌 위기에도 여수엑스포가 나라를 흥하게 했다. 봄이면 영취산 진달래꽃이 장관인 흥국사는 여수산업단지의 중심에서 태평양을 바라보고 있다. ☨

(이주석님 제공, jslee.net)

(이주석님 제공, jslee.net)

주소: 전라남도 여수시 중흥동 17
창건연대: 1195년(고려 명종 25)
창건자: 지눌국사
홈페이지: http://www.여수흥국사.kr

21 직지사

김천의 황악산 직지사는 우리나라의 한가운데에 있는 절이다. 황악산 주위로 충청도, 전라도, 경상도가 나눠진다. 그래서 예로부터 해동의 중앙에 자리 잡은 으뜸가는 사찰이라 하여 동국제일가람이라 전해지고 있다.

직지사는 418년 신라 눌지왕 때 아도화상이 창건하였다. 절 이름은 가르침에 기대지 않고 참선에 의하여 사람의 마음을 직관할 때, 부처의 깨달음에 도달한다는 뜻인 직지인심 견성성불直指人心見性成佛이란 말에서 유래했다고 한다. 또 다른 얘기로 능여스님이 절터를 측량할 때 자를 쓰지 않고 직접 자기 손으로 재서 직지사라는 이름을 붙였다고 전한다.

왕건이 피신한 인연

고려의 태조 왕건은 경주를 약탈하고 돌아오는 견훤군과 지금의 팔공산에서 싸우다 크게 패했다. 위기에 처하자 신숭겸 장군이 태조로 변장해 대신 죽었다. 그때 태조 왕건은 겨우 직지사로 피신하였다. 왕건은 후백제와의 싸움에서 승리할 수 있도록 능여스님의 많은 도움을 받았고, 이후 직지사는 국가의 비호를 받았다.

·대웅전 앞마당 쌍둥이 석탑

쌍둥이 석탑과 석등이 시선을 사로잡다

일주문과 금강문, 천왕문을 지나 만세루 아래로 대웅전 앞마당에 들어서면 잘생긴 쌍둥이 석탑이 동서로 나란히 서 있다. 이 석탑은 원래부터 이 자리에 있었던 탑이 아니라 원래 문경시의 도천사 터에 있던 탑 3기를 직지사로 옮겨온 것이다. 통일신라 시대의 양식으로 기단부가 단층이지만 육중한 맛이 있다.

또한 대웅전 앞에는 고려 말기에 만든 것으로 보이는 석등이 단정히 서 있다. 사각으로 된 화사석 아래 간주석에는 가느다란 호랑이 모양인 세호가 새겨져 있다. 우리나라 어느 석등에서도 볼 수 없는 모습이다. 세호는 원래 왕릉의 양쪽 망주석에 한 마리는 위로 올라가고, 다른 쪽에는 아래로 내려오는 문양이 새겨져 있다.

일반적으로 망주석을 통해 영혼이 드나들고, 세호는 그 영혼을 상징한다고 말한다. 부처님의 영혼과 말씀은 석등의 맑은 불빛을 타고 오르고 이 우주에 말씀을 전한다는 의미일까! 석등에 새겨진 세호는 무엇을 상징하는가! 또 한 마리의 세호는 어디 있을까!

·석등 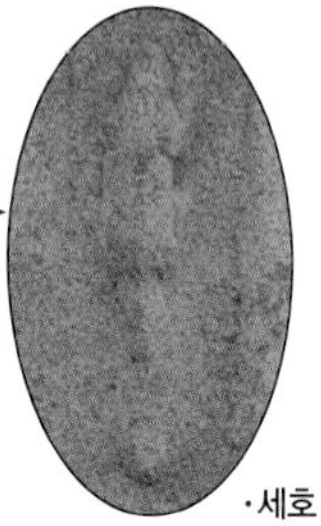 ·세호

근엄함을 유지한 법당

직지사는 사명대사 유정스님이 출가하신 절이다. 임진왜란 당시 승병을 모아 큰 공을 세운 사명대사는 이곳 직지사에서 출가하여 신묵대사의 제자가 되었다. 이런 연유로 왜군들은 직지사를 폐허로 만들었다. 임진왜란 후 1735년 영조 때 중건한 대웅전은 팔작지붕에 계단 앞으로는 연꽃이 새겨진 석물과 석등, 그리고 동서로는 석탑을 앞에 두고 있어 고찰로서의 근엄함을 잃지 않고 있다.

법당 안에는 6미터가 넘는 후불탱화가 3점이 나란히 걸려 있다. 후불탱화는 짜임새 있는 구성과 치밀한 세부 묘사로 조선 후기 불화를 대표하는 보물들이다. 부처님을 모시고 있는 불단인 수미단과, 사찰과 궁궐에서만 볼 수 있는 수미단 위 닫집도 아주 섬세하게 잘 만들어졌다. 닫집에 그려진 천상의 선녀와 부처님이 있는 천상의 모습은 화려하고 아름다우면서도 인정감 있게 표현되어 대웅전의 격을 더욱 높여 주고 있다.

천불전의 탄생불

관음전과 명부전을 지나면 세 번째 쌍둥이 석탑이 자리하고 있다. 그 앞에 있는 비로전은 천 개의 불상을 모시고 있어 천불전이라고도 한다. 천불상 중 벌거벗고 있는 흰 탄생불이 있는데, 법당에 들어설 때 이 동자상이 첫눈에 들어오면 옥동자를 낳는다는 전설이 있어 예로부터 불공을 드리는 사람이 많았다고 한다.

소를 인간의 본성에 비유한 심우도

경내를 거닐다가 다시 대웅전으로 돌아와 구석구석을 꼼꼼히 둘러본다. 머물러 있을수록 지나간 역사와 인간과 세월의 향기가 진하게 느껴진다. 대웅전 바깥벽에는 심우도가 그려져 있다. 보통 10개의 장면으로 이루어져 십우도라고도 하는데 소를 인간의 본성에 비유하고, 동자를 수행자에 비유한 그림이다. 동자가 고삐 풀린 검은 소를 찾아 헤매다가 소를 발견하고, 인간 본성을 찾아가면서 검은 소가 흰색으로 서서히 변해 가는 모습이 그려져 있다. 중국에서는 소 대신 말을 그리기도 하고, 티베트에서는 코끼리를 그린다. 나라마다 약간의 차이는 있지만 결국 해탈을 꿈꾸는 것은 마찬가지이다.

·심우도 5번째 그림

동자가 검은 소에 코뚜레를 뚫어 끌고 갈 때에 검은 소가 서서히 흰 소로 변해 가는 5번째 그림과 사람도 소도 실체가 없는 모든 것이 공이란 걸 표현한 8번째 그림이 인상적이다.

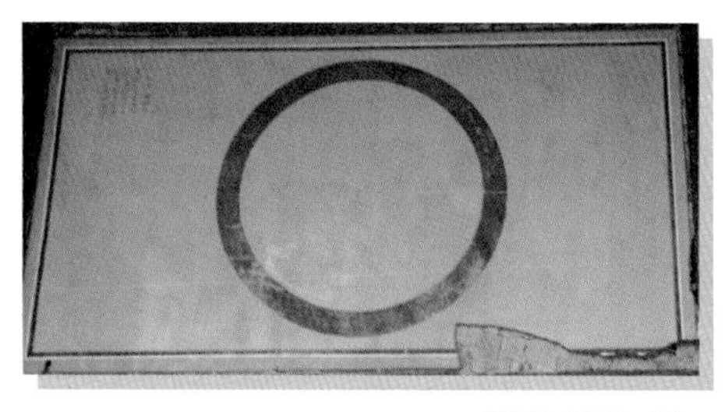

·심우도 8번째 그림

심우도를 보면 동양적 사고의 밑바탕에는 깨달음에 대한 갈증이 있다는 걸 느낀다. 불자가 아닌 사람도 깨달음과 인생에 대하여 자신을 한번 돌아보게 된다.

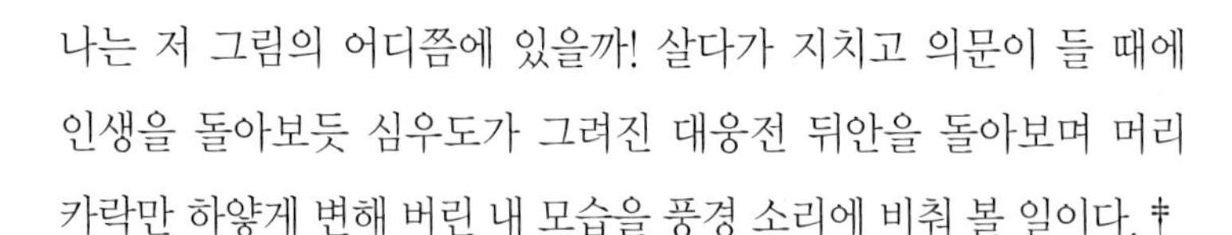

나는 저 그림의 어디쯤에 있을까! 살다가 지치고 의문이 들 때에 인생을 돌아보듯 심우도가 그려진 대웅전 뒤안을 돌아보며 머리카락만 하얗게 변해 버린 내 모습을 풍경 소리에 비춰 볼 일이다.

주소: 경상북도 김천시 대항면 운수리 216번지
창건연대: 418년(신라 눌지왕 2년)
창건자: 아도화상
홈페이지: http://www.jikjisa.or.kr

Korean Buddhist Heritage Best 27

Contents

Part 1 Korean Buddhism

01 Where Tradition Meets Nature – the Temple 6
02 What Buddha is in Geumdang? 13
03 The Introduction of Buddhism 18
04 Buddha's Life 24
05 Stone Pagoda 28
06 Stupa 32

Part 2 Korean Beautiful Temples

01 Buseoksa Temple 36
02 Hwaeomsa Temple 40
03 Ssanggyesa Temple 45
04 Songgwangsa Temple 49
05 Seonamsa Temple 54

06 Geumsansa Temple 59

07 Sudeoksa Temple 64

08 Jogyesa Temple 69

09 Woljeongsa Temple 73

10 Sangwonsa Temple 78

11 Haeinsa Temple 84

12 Tongdosa Temple 91

13 Bongeunsa Temple 95

14 Yongjusa Temple 100

15 Donghwasa Temple 104

16 Beopjusa Temple 108

17 Daeheungsa Temple 113

18 Unmunsa Temple 117

19 Jeondeungsa Temple 122

20 Heungguksa Temple 127

21 Jikjisa Temple 131

PART 1

01 Where Tradition Meets Nature – the Temple
02 What Buddha is in Geumdang?
03 The Introduction of Buddhism
04 Buddha's Life
05 Stone Pagoda
06 Stupa

Korean Buddhism

01 Where Tradition Meets Nature - the Temple

Why do we feel comfortable when we go to the temple? The temple we often visit now may be the one we went to for the first time on a picnic or a school trip (수학여행) 10 or 20 years ago. We leave our heart on the temple where we visited by chance. Our parents or grandparents might have also had that same experience there 50 years ago. 100 or 1,000 years ago, our forefathers might have been there in the same way, too. There is beautiful nature in the temple. Above all, it exists in harmony with the countless smiling faces of people visiting it, and the infinite footprints (발자국) they leave behind.

Most temples we can see at present are in the countryside surrounded by beautiful nature, whereas most temples in the city were ruined due to the suppression (억압) of Buddhism during the *Joseon* Dynasty. These mountain temples have played an important role (중요한 역할을 하다) in the lives of Koreans throughout time. They are not only religious places, but also places which have shaped Korea's history and culture during its most joyous and sorrowful moments. I hope that these temples can be seen not just in view of religion but also in view of Korean emotion.

Cleansing the Heart by the Brook

There is always a brook(개울) on the way to the temple and a bridge made to cross over it. It offers a kind of baptismal(세례식) ceremony for people "to cleanse their minds." It is very similar to *Geumcheongyo* Bridge in the royal palace. For this reason bridges in the temples are called "*Piangyo*" or "*Haetalgyo*[1]."

After a mind stained with "the Three Fires"[2] is washed off, walking a little more, a flagpole support(당간지주) and stupas(승탑) appear. A stupa is a place where the sarira(사리) of monk is kept, and it is also called "*Budo*." At the end of Unified *Silla* when the Zen(선종) sect was popular, after noted Buddhist monks passed away, many beautiful octagonal(팔각의) stupas were built.

When there was an event in the temple, raised flags on the flagpole(당간지주) support would let people know. The *Gapsa* Temple has kept its original form of flag support until this day. The flagpole support should be distinguished from *Gwaebuldaejiju*, which stands in front of *Geumdang*, used for hanging *Gwaebul* (Buddhist paintings).

---

1) They both mean "the bridge of nirvana."

2) It means that hinders people from reaching Nirvana in Buddhism, which indicates greed, anger, and foolishness.

Entering the World of Buddha

When walking along the granite 화강암, one can contemplate 고려하다 all the history of the stones beneath their feet, and then *Iljumun* Gate, which is the first gate to enter the world of Buddha, appears. The inside of the gate is called "*Jingye*," and its outside is called "*Sokgye*." It was named "*Iljumun*" because the pillars are in a straight line side by side. Once going into the world of Buddha by entering *Iljumun* Gate, it means "getting out of the world."

Depending on the size of the temple, after passing by *Iljumun* Gate, you will meet *Geumgangmun* Gate and *Cheonwangmun* Gate. There are "*Ah* Deva King," which is opening its mouth, and "*Hum* Deva King," which is closing its mouth. The Deva King 금강역사 is the patron saint of Buddhism.

There are statues of Four Guardian Kings 사천왕 who are guardian gods that defend four cardinal directions. *Jeungjang* Guardian King guards the South, holding a dragon and cintamani 여의주. The royal palace and the temple are similar in structure. Just as the palace where a king lives is fortified in three stages for heightened security, the temple has three gates to pass through to cleanse our mind. Though there is no one that checks passers-by, when passing through those gates by ourselves we can move on to Buddha.

Coming into *Burimun* Gate, the last gate out of three, it is Buddha's Land. It is Paradise. Examples of *Burimun* Gate are *Jahamun* Gate of *Bulguksa* Temple and *Anyangmun* Gate of *Buseoksa* Temple. If you pass the last gate in the royal palace, *Jeongjeon* Hall appears. What *Jeongjeon* is to politics, *Geumdang* is to the temple.

The Place for Buddha and Bodhisattva

The place where Buddha is enshrined is called *Geumdang*[3]. Since Buddha shines, it is called "*Geumin*" and the place for *Geumin* is also called "*Geumdang*." A pagoda and a stone 석등 lantern are usually placed in front of *Geumdang*. There are various names for *Geumdang*. Their names and meanings depend on which Buddha is served.

The most common *Geumdang* is "*Daeungjeon* Hall." *Daeung* means "the great hero who saves foolish people" as it is in Chinese character. Sakyamuni 석가모니부처 Buddha who has found enlightenment first is referred to as a great hero. There are more *Geumdang*, such as *Muryangsujeon* Hall enshrining Amitabha 아미타부처 Buddha and *Daejeokgwangjeon* Hall enshrining Vairocana 비로자나부처 Buddha.

---

3) Geum means a gold. So, Geumin means a golden person, and Geumdang means a golden Hall.

A Bodhisattva (보살) who is dressing splendidly also assists Buddha in *Geumdang*. A Bodhisattva means “a man who has attained the highest state of enlightenment (깨달음).” The place where Avalokitesvara (관세음보살) Bodhisattva wearing a brilliant jeweled crown is enshrined is *Gwaneumjeon* Hall. Avalokitesvara Bodhisattva is known as the Buddhist who saves the suffering people when they tell his namc with their utmost.

There is Ksitigarbha (지장보살) Bodhisattva who was committed to saving the suffering people in hell though he had already found enlightenment. He takes charge of *Myeongbujeon* Hall. *Myeongbu* means “hell.”

There are others such as *Eungjinjeon* Hall and *Nahanjeon* Hall around *Geumdang*, which are named according to Buddha and the Bodhisattvas that they have. In *Beomjonggak* Pavilion, a Buddhist temple bell, a Buddhist drum and a cloud-shaped gong preach the Buddha’s words with another language.

Buddhism Embraces the Indigenous Gods

In the temple, the interesting places that show the acceptance of Buddhism are *Samseonggak* Hall and *Chilseonggak* Hall. They enshrine our indigenous (토착신) gods such as the mountain god (산신) and the Great Bear (큰곰자리, 북두칠성), etc. Can churches or Catholic churches coexist alongside a house of a shaman? One of the reasons that Buddhism originating from India could settle down in our country was because of its acceptance. Buddhism is well-harmonized with our indigenous beliefs in the temple. There is *Seonghwangdang*[4] Shrine inside of *Iljumun* Gate, and a god of the kitchen is enshrined in *Gongyanggan*, the kitchen of the temple. They are all our indigenous gods.

Humans and Practicing Asceticism

A temple is not only the place for Buddha. It is the place where humans live with gods. The monks seeking to find enlightenment and undergoing discipline live there. The common worldly people who try to find enlightenment stay there or stop 들르다 by it, too. The place where monks live, take charge of the temple, and do office work is called "*Yosachae*." There is also "*Haeuso*," which means "the space that relieves people's anxiety." There might not be a better and neater name than this for the restroom, which makes us remove even the human mental waste. If making ourselves empty and filling our hearts with the pure spring water in *Bullyugak*, we would be like a stream and flow along with it like water.

The Path Made by the Footprints

In the temple, there is a path which many afflicted people walk on over many years. We can find traces 자취 of people trying

4) a shrine to the village deity

to wash off a little hatred and anger on their way towards enlightenment, although the degree of every individual involved is different. Their footprints have made the path. Moss grew on a rock of granite, and their wishes became a
이끼
name for each place. Every place you look carries a memory like an old photograph. One can see the hope, emptiness, and longing that walked along this dirt path.

While casually walking around the mountain temple, many thoughts bounce out of my mind. As staying here with nature, I can find something that people cannot even express in words or letters. ǂ

02 What Buddha is in Geumdang?

There is Buddha in a Buddhist sanctuary in the temple. It sometimes looks so solemn as if to be in a deep meditation so I wonder if he might listen to people's wishes or not. It seems, however, to be very humorous and interesting. The Buddhist sanctuary is where Buddha is and where sermons are delivered. Since Buddha shines like gold there, Buddha is called "*Geumin*," and the Buddhist sanctuary, where *Geumin* is enshrined, is called "*Geumdang*."

법당 (sanctuary) · 명상, 선정 (meditation) · 설교, 설법 (sermons)

The Place for Buddha and His Mudra

Going to the temple, the most common name to hear is "*Daeungjeon*." *Daeung* means "a great hero" as it means in Chinese character, and it indicates Sakyamuni. Therefore, the sanctuary called "*Daeungjeon*" or "*Daeungbojeon*" enshrines Sakyamuni Buddha.

The statues, however, all look the same, so they are quite hard to distinguish. However, there are some differences among their hand shapes. It is called "mudra" and symbolizes

무드라, 수인 (mudra)

something. For example, the statue of Sakyamuni makes "bhumisparsa mudra," (항마촉지인) which appears as if he's pressing the devil with his finger while his other hand rests under his knee. It means that he made the devil surrender when it appeared to disturb his enlightenment.

There is an interesting posture (자세) that seems to cover his left forefinger with his right hand among his various poses. It is called "vajra (지권인) mudra." The one who poses vajra mudra is Vairocana Buddha. Vairocana means "Sun" or "light." In other words, he symbolizes the truth of Buddhism. The place where Vairocana Buddha is enshrined is called "*Daejeokgwangjeon*" or "*Birojeon*."

It is Amitabha Buddha that is loved most by many people. Even this name is called so frequently in people's lives. *Namu Amitabul*! *Namu Amitabul*! By just calling the name, people say it leads to Paradise. It is also called "Amitayus (무량수불) Buddha." He is the one who gives people an endless life and an endless light controlling the Western (서방세계) land. Where Amitabha Buddha is enshrined is called "*Muryangsujeon*" or "*Geungnakjeon*." Amitabha Buddha makes nine types of mudra. Since Amitabha Buddha saves people, the statue symbolizes "embracing everyone," from the most difficult people to save to the people who can find enlightenment with just a little guidance.

A long time ago, the most terrifying pain was a disease. Therefore, the one who has a bottle of medicine to cure a disease, Bhaisajyaguru Buddha, which means Buddha of a pharmacist, was worshiped like a doctor. Bhaisajyaguru Buddha holds a little pot symbolizing a bottle of medicine in his hand. Bhaisajyaguru Buddha is enshrined in "*Yaksajeon* Hall."

약사불

Usually, where Buddha stays is called a Buddhist sanctum. There are, however, many buildings since a temple has many kinds of Buddha. In addition, a Bodhisattva is also enshrined in a building, too.

불전

What Bodhisattva Is in that Hall?

Where Avalokitesvara Bodhisattva is enshrined is called "*Gwaneumjeon*" or "*Wontongjeon*." Avalokitesvara means that he cares for all the words and wishes of people and gives people mercy.

Where Ksitigarbha Bodhisattva is enshrined is called "*Jijangjeon*" or "*Myeongbujeon.*" Ksitigarbhha is the one who made a vow to save all the people in the pit of hell. *Myeongbu* also means "hell."

구덩이

Buddha, or Bodhisattva?

People cannot tell the Buddha apart from the Bodhisattva. However, there are still some characteristics that distinguish them.

Siddhartha was a human being, but he became Buddha when finding enlightenment. After he passed away, his disciples 제자 missed him. That is why the statue of Buddha has appeared, but people could not make his image the same as common people. Therefore, there are 32 kinds of important features of Buddha and widely 80 kinds of features in the Buddhist scripture. The hands and feet of Buddha are palmate 물갈퀴가 있는. His hand comes down to his knee, he has an eye like a lotus, and his genitals 생식기 are hidden like a horse.

When people made these statues, they reflected the contents of scriptures. If seeing a few things carefully, it is not that hard to distinguish Buddha from Bodhisattva in a temple.

Buddha is usually described with *Yukgye*, *Baekho*, *Nabal*, and *Samdo*, and his figure is expressed as manly yet solemn. *Yukgye* is described as having a topknot 상투 of hair, and his original figure shows him having a bone on his head similar to a topknot. The monks sometimes say that the shape of their shaved heads changes if studying too much. It is the image of Buddha that practiced asceticism a lot to find enlightenment. *Baekho* looks like a dot, and we can easily see it on Buddha's forehead. However, it is not a dot, but white hair. According to the scripture, it should be described a long and white hair rolled up. This is so shiny that it can reach where light cannot be seen, and it is usually decorated with jewels. *Nabal* looks as if his hair rolled up to the right so it looks like a conch 소라. *Samdo* indicates three wrinkles 주름 around his neck.

Bodhisattva appears more splendid and womanly than Buddha. It wears a treasured crown instead of *Yukgye* or *Nabal*, and it wears the dress called "*Cheonui*" which looks fluffy. And the ornamentation 장식, such as earrings and bracelets 팔찌, are so splendid. Since Bodhisattva should look friendly to people, it was expressed in this way.

Like this, Buddha and Bodhisattva are meant to be different. By just looking at each differently, it would be fun to visit the temple and examine which statues are Buddha and which are Bodhisattva. †

03 The Introduction of Buddhism

Buddhism was established by Sakyamuni of India in the fifth century B.C. His original name was Gotama Siddhartha. At the time he was born, agricultural productivity, commerce and industry were rapidly developing and there was a caste system, which is a strict status system in India. The Kshatriya and the Vaisya castes, which were expanding social forces, were disgruntled with Brahmanism which controlled the society of that time. While the caste system was quite strict, Buddhism emphasized human equality and mercy, and was therefore swiftly accepted and quickly developed by the Kshatriya and the Vaisya castes.

카스트제도
불만을 품게 하다
신속히

Supreme Enlightenment

Gotama Siddhartha became a Buddhist at the age of 29. At first, he practiced penance, the traditional way of Indian asceticism, for 6 years. However, he could not find enlightenment going through penance, and finally he found enlightenment through meditation for 7 days under a bo tree.

고행
보리수

The truth that Sakyamuni found is called "Dharma." Buddhism is a religion of enlightenment. The ascetical way that Sakyamuni pursues is to follow the golden path with the right method, not penance nor pleasure. The Noble Eightfold 팔정도 Path should be kept as a detailed method to guide you towards enlightenment. The Noble Eightfold Path considers the right view, right thought, right words, right deed, right living, right effort, right belief, and right meditation.

Sakyamuni said that being human itself is a pain, and that every root of this pain is an obsession. He taught that people had to get out of an obsession 집착 in order to get rid of this pain and reach Nirvana 해탈. In addition, he tried to teach the method, too.

The Development and Sects of Buddhism

Buddhism was rapidly developed at the time of King Asoka of Maurya Dynasty, which was the first unified nation of India, and King Kaniska of Kushan Dynasty in the second half of the first century. It then spread to Sri Lanka, Myanmar, and outside the country including Kashmir and Gandhara. According to the views of religious precepts 계율, as it spread further, it was divided into two, Mahayana 대승불교 Buddhism and Hinayana 소승불교 Buddhism.

Hinayana Buddhism, which emphasizes reaching nirvana individually, spread mainly to Southeast Asia including

Thailand. On the contrary, Mahayana Buddhism, which advocates salvation (구제) for all people, spread to China, Korea, and Japan together with Gandhara Art.

Buddhism which was born in India was introduced in China at the time of Later Han and took root in the Period of Wei and Jin, and Northern and Southern Dynasties (위진남북조). Many monks of the countries bordering on Western China (서역) came into China, introduced Buddhism, translated the Buddhist scriptures into Chinese characters, and taught common people Buddhism. At that time, when the Taoism (노장사상, 도가사상) was prevailing in China, the Nought thought of Buddhism was connected to Laotzu's philosophy and was taught to people.

Kumarajiva (구마라습) born in Central Asia was a typical Buddhist monk who translated many scriptures of Mahayana Buddhism from Sanskrit into Chinese characters. As Buddhist doctrines (교리) in Chinese scriptures were studied since then, the ideological foundation of development in Chinese Buddhism was established.

The Zen sect begun by Dharma was divided into two groups: the North Zen sect (북종선) putting emphasis on finding enlightenment through progressive asceticism (점진적인 수행), and the South Zen sect (남종선) emphasizing finding enlightenment at a stroke (단번에). The North Zen sect, however, decayed soon after and the South Zen sect has been mainly featured in Chinese Buddhism since the Song Dynasty (송나라).

The Beginning of Buddhism in Our Country

Buddhism was introduced in the Three Kingdoms Period (삼국시대) in our country. At first, it was introduced by *Sundo* during the rule of King *Sosurim* of *Goguryeo* in 372. In *Baekje*, Marananta, the monk of India, introduced it through Eastern Jin (동진) of China 12 years later than *Goguryeo* in 384. In *Silla*, though introduced by *Mukhoja* of *Goguryeo*, it was not widely spread. Meanwhile, it was greatly developed by the martyrdom (순교) of *Yi Cha-don* at King *Beopheung* in 527. Buddhism of the Three Kingdoms Period was aggressively accepted by the royal family during the process of the formation of ancient countries and played a significant role to strengthen royal authority.

Buddhism which came in through China played important roles in forming the ancient culture of Korea's joining with indigenous religion. Since then, it formed the base of Korean traditional culture with Confucianism (유교).

Blooming in the Unified Silla

Buddhism, which was introduced in the Three Kingdoms Period, bloomed splendidly in the Unified *Silla*. The splendid and refined culture of Tang (당나라) in China was quickly passed down to the Unified *Silla* while the interaction between countries was becoming more active, and many beautiful assets of

Buddhist culture were created in our country. What stand for those are *Bulguksa* Temple and *Seokguram* Grotto. Going to *Gyeongju*, the capital of the Unified *Silla*, the wishes and passions of the people of the time, who dreamed that all the land becomes where Buddha is, are lively passed down.

9 Mountain Zen Groups (구산선문) which were based on the South Zen sect of *Hyeneung* were formed in the late period of Unified *Silla*. The Zen sect which put emphasis on reaching nirvana through Zen meditation was more developed than the various non-Zen sects (교종) of Buddhism who emphasized the study of scriptures of the powerful family and its popular supporters during the late period of United Silla.

The Buddhist Country, Goryeo

Goryeo was a Buddhist country as much as King *Taejo* declared Buddhism a state religion, so the culture of Buddhism reached its climax. Since the ideology that took the lead in a nation and culture was Buddhism, it was the age that the people who were wisest and came from a good family became Buddhist monks. *Uicheon*, who came from the royal family, brought in the *Cheontae* Order (천태종) of China, created the *Haedong Cheontae* Order and tried to consolidate Buddhism which was divided into two, the various non-Zen sects and the Zen sect as one.

As the Buddhism, which reached its climax, was going to decay at the end of *Goryeo*, the voice demanding reforms began to come out. Under the Military Regime, as Buddhism
무신정권
became debauched, State Preceptor *Jinul* urged the reform of
방탕한
Buddhism and tried to combine the Zen sect with the various non-Zen sects. Since then, his thought has gone through *Joseon* Dynasty and been passed down as *Jogye* Order which
조계종
is biggest today.

The up-and-coming nobility which founded *Joseon* Dynasty
떠오르는, 신진의
established a nation of Confucianism, and Buddhism was greatly oppressed. Confucianism, however, was more a political ideology than a religion which solves the matter of life and death. Buddha hates stupidity. Buddhism never blames another, and finds wisdom and enlightenment through one's self. That is why people believed in Buddhism throughout all ages. During the *Joseon* Dynasty, Buddhism still remained as a religion among the royal family and people. ǂ

We have to remember that Buddha was originally a normal person like us. He had his own parents and existed in reality. Such a normal person became Buddha after he had practiced asceticism for years. After he had found enlightenment, he was called Butda, Buddha, Sakya, etc.

The Life of Gotama Siddhartha

His original name was Gotama Siddhartha. Siddhartha means "the one who achieved everything." His birth place was Kapilavastu (카필라성), which is located at the foot of the Himalayan Mountains around the southern part of Nepal and the border of India. His parents are King Śuddhodana and Queen Maya.

Buddha is also called Sakyamuni, which means "a saint (성자, 성인) of the Sakya family." His mother, Maya, gave birth to a baby in Lumbini on the way to her parents' house according to the tradition of the time. According to the tale, he was born from her side (옆구리), and as soon as he was born, he stepped seven times and shouted "I alone am the Honored One throughout Heaven (천상천하 유아독존)

and Earth." Sometimes, the one who was a grand man in history is described as special.

His mother died seven days after he was born, so his aunt, Mahapajapati, became queen and he was taken good care of by her. Later she became the first Buddhist nun.

Since hearing a prophet (예언자) say that he would be a Buddhist in future, his father, Śuddhodana, raised him only in a castle to prevent realization of the prophecy. In addition, he made his son enjoy his splendid life in the castle to make sure his eyes did not wander (쏠리다) towards life outside of the castle.

However, he had an important experience at age 6 during the agricultural rite in spring. It was a kind of ceremony that teaches farming. He was in deep sorrow when seeing the insects eaten by the birds flying in from somewhere. It was the first experience that he had reached Nirvana while shedding (눈물을 흘리다) tears under a big tree.

This experience helped him to find enlightenment a lot, which he couldn't find even after he had practiced plenty of penance. He himself had contemplated how important the experience of one's early days are.

He got married at the age of 16, enjoyed all the worldly life as much as he could, and also had a son, Rahula.

Finding Enlightenment under a Bo Tree

One day, he went to the castle gates of the four cardinal directions (동서남북 기본방향) and saw the inescapable sufferings of man. He decided to leave home when he saw old people, sick patients, the body carried after death, and an ascetic there. He was 29 at that time. He might have wondered whether to abandon his family and crown or not.

He devoted himself to practicing asceticism looking everywhere to see many teachers in India. Yet, he could not find what he wanted to find from them. He had done rigorous (엄격한) penance for 6 years. He realized, however, he could not find it going through penance and quit trying. Meanwhile, he remembered that he had reached Nirvana when he was a child, and finally found enlightenment reaching Nirvana under a bo tree.

He delivered (설법하다) Buddhist sermons for 45 years since he found enlightenment. He showed many people to the way towards enlightenment and delivered a Buddhist sermon depending on people's characteristics and understanding.

There are three anguishes (괴로움, 고뇌) which hinder (막다) people from reaching Nirvana, which is called "the Three Fires" (삼독) in Buddhism. They are greed, anger, and stupidity. Among them, Buddha thought stupidity the worst.

At age of 80, he received an utmost mcal from his disciple,
극진한
Cunda. But he passed away because of food poisoning under the four pairs of sal trees. He delivered his last famous
사라쌍수
Buddhist sermon there and said "Rely on yourself making yourself your own lamp, and rely on truth making the truth your own lamp."

Buddha was not a god, but he was a human like us. It means that we all can be Buddha. Many people, however, seem to live and die in the world not knowing that they themselves can be Buddha. ǂ

05 Stone Pagoda

The stone pagoda of our country is simple and beautiful. The
석탑
solidity of granite makes us deeply impressed watching it still. "*Tap*," which means a pagoda in Korean, is called "tope," which came from a Sanskrit "stupa." It means "a tomb," or in other words "a grave." In Myanmar, it is called "pagoda." *Tapgol* Park in *Jongno* was called "Pagoda Park."

The Scriptures of Buddha Are Put in a Pagoda

A pagoda is originally where the sarira of Buddha is buried. All the pagodas, however, cannot have that of Buddha, so the scriptures of Buddha are put in there instead. That is why the scriptures of Buddha are often found in a pagoda.

A pagoda started with dividing the sarira into 8 parts and building with them after Buddha had entered into Nirvana in India. The pagoda of India looks like a bowl turned upside down. This figure still remains in the top part of our pagoda, thus it shows the trace of spreading culture.

From the Wooden Pagoda to the Stone Pagoda

It is considered fact that the wooden pagoda 목탑 first prevailed in our country. All the first pagodas of the Three Kingdoms Period have the form of a wooden pagoda. Though the oldest pagoda of our country, the Pagoda of *Mireuksa* Temple Site, was made out of stone, there still remains the form of a wooden pagoda. The wooden pagoda is especially vulnerable 손상되기 쉬운 to fire. That is why there were many wooden pagodas in the beginning, but they could not remain at present. Since then, stone pagodas have emerged because we have a lot of high-quality granite in many places. In China, the pagodas built by bricks 벽돌 made out of baked red clay have appeared a lot. Their scale is as large as a modern 10-story building, and they are big enough for people to enter. Many wooden pagodas have been built in Japan since there is much wood of high quality. In addition, many large scale wooden pagodas still remain, as they were not exposed to the damage of war.

The number of floors in a stone pagoda depends on the number of stones used to shape the roof. If the pagoda has three roof stones 옥개석, it is a 3-story stone pagoda. When a stone pagodas are built, and since many kinds of relics were put in them, they become a sort of time capsule that shows various situations of the time. There comes out *Mugu jeonggwang dae darani-gyeong* (Great Dharani Sutra of Immaculate and Pure Light), the world's first woodblock printout, was found from the sarira reliquary in *Seokgatap* Pagoda.

Each Figure of the Pagoda According to the Times

The first pagodas of our country, such as the 9-Story Wooden Pagoda of *Hwangnyongsa* Temple, the Stone Pagoda of *Mireuksa* Temple Site, the Stone Pagoda of *Jeongnimsa* Temple Site, and the Stone Pagoda of *Gameunsa* Temple Site, were built huge in scale. Thus, we suppose that people of a temple had an event with a pagoda as the center at that time.
불사하다
Since Unified *Silla*, when *Seokgatap* Pagoda was built, the scale became smaller and the type became standardized. The
표준화된, 정형화된
center of Buddhist belief seemed to change a pagoda into the statue of Buddha around that time.

The changing process of the pagoda based on the pagodas we have now can be found. Seeing it according to the order of the times, it has been developed as follows; the Wooden Pagoda of *Hwangnyongsa* Temple Site, the Stone Pagoda of *Mireuksa* Temple Site, the Stone Pagoda of *Jeongnimsa* Temple Site, the Stone Pagoda of *Gameunsa* Temple Site, and *Seokgatap* Pagoda in *Bulguksa* Temple, and *Seokgatap* Pagoda became a typical type of the time of Unified *Silla*. At the time of Unified *Silla*, most of the pagodas take the form of 3-story stone pagodas like *Seokgatap* Pagoda, and the pagoda of multi-sidedness and multi-story has appeared variously since
다각 다층
Goryeo Dynasty. It makes us feel the sense of beauty of *Goryeo* people who could enjoy the changes from the standard pattern.

It is the pagoda of *Goryeo* that has a multi-storied structure over 5 stories like the 5-story Stone Pagoda of *Hwaeomsa* Temple in *Gurye*. The 7-story Brick Pagoda of *Sinse-dong* in *Andong* was made out of bricks. The 10-story Stone Pagoda of *Gyeongcheonsa* Temple Site in the National Central Museum was influenced by Yuan. The stone brick pagoda is the stone pagoda which was built
원나라 모전석탑
by a smooth brick-shaped stone, and it is the Stone Brick Pagoda of *Bunhwangsa* Temple that has this name.

Will it be of interest to visit the temple and guess its age by the figure of the pagoda? The pagoda seems to hold not only the sarira but also the history of this country. ǂ

06 Stupa

A tower which has sarira or remains of the Buddhist monk is called "stupa." If a pagoda is the grave of Buddha, a stupa is the grave of a Buddhist monk. It was once called "*budo*."

In a temple, stupas and steles(탑비, 비석), which commemorate(기념하다) the famous Buddhist monks or ancestors, are put up. The stupas of the monks who lived and died in obscurity(무명) are grouped together in a quiet area around *Iljumun* Gate. It is a sort of cemetery of the Buddhist monks. Yet, it is not dark at all like a cemetery(묘지) that we know, rather it feels comfortable and free. Lichens(지의류) and mosses on old rocks look as if they knew each of their lives and drew their lives on it.

The Beautiful and Splendid Grave of a Buddhist Monk

"*Samguk yusa*" says that the stupa of Buddhist Monk *Wongwang* had been erected(만들다, 세우다), but this stupa does not remain now. At present, the oldest stupa is the Stupa of Buddhist Monk *Yeomgeo* that was at *Heungbeopsa* Temple Site in *Wonju*. It is in the *Yongsan* National Museum now.

The stupa is much related to the popularity of the Zen Sect at the end of *Silla* Dynasty. Unlike non-Zen Buddhism, which emphasized the study of Buddhist scriptures and doctrine, the Zen Sect emphasized finding enlightenment through Zen meditation. After the Buddhist monks who had found enlightenment through Zen meditation passed away, more splendid and beautiful stupas were built honoring and respecting them.

The stupas built at the end of the *Silla* Dynasty, including the Stupa of Buddhist Monk *Yeomgeo*, are mainly octagonal. The Stupa of Master *Cheolgam* at *Ssangbongsa* Temple built during Unified *Silla*, and the Stupa of *Yeongoksa* Temple in *Jirisan* Mountain are especially elaborate and beautiful. We cannot take our eyes off the delicate and exquisite workmanship. We may never even wonder how great the deeds of the Buddhist monks were as when become lost in admiration of it. From the end of *Goryeo*, the stupa was prevailing throughout the temples, and bell-shaped stupas were a mainly feature of the *Joseon* Dynasty.

elaborate 정교한 / exquisite 아름다운, 정교한 / deeds 행위, 행적 / bell-shaped 종 모양의

Almost every temple has a stupa. It is peaceful and free. It is the stupa which makes people smile naturally. Going to the stupa field of *Daeheungsa* Temple and *Mihwangsa* Temple in *Haenam*, one can witness it as a beautiful place for death, an exit out of the body, like a children's playground but with its own unique purpose.

playground 놀이터

There are many stupas without a stele or a name. ‡

PART 2

01 Buseoksa Temple
02 Hwaeomsa Temple
03 Ssanggyesa Temple
04 Songgwangsa Temple
05 Seonamsa Temple
06 Geumsansa Temple
07 Sudeoksa Temple
08 Jogyesa Temple
09 Woljeongsa Temple
10 Sangwonsa Temple
11 Haeinsa Temple
12 Tongdosa Temple
13 Bongeunsa Temple
14 Yongjusa Temple
15 Donghwasa Temple
16 Beopjusa Temple
17 Daeheungsa Temple
18 Unmunsa Temple
19 Jeondeungsa Temple
20 Heungguksa Temple
21 Jikjisa Temple

Korean Buddhist Heritage Best 27

Korean Beautiful Temples

01 Buseoksa Temple

Buseoksa, a fabled temple in *Yeongju*, was founded by Buddhist Monk *Uisang* in 676. It is unlike other temples in that it is nestled (따뜻이 앉다) in the woods and should be entered by climbing along the ridge (산등성이) of the mountain. When going along the ridge, which has a broad view of the mountain, and when reaching the first gate of the temple, you might feel drawn to the front yard (앞마당) of *Muryangsujeon* Hall as if to go through a labyrinth (미로). Therefore, people who have been there once would never forget it and come back again.

Getting to Anyangru Pavilion without Rowing

If passing by *Iljumun* Gate in the month of May, when the scent of blooming apple trees wafts (퍼지다) on the breeze (산들바람), what appears first is a flagpole support. The flagpole support, built slimly, show what a great temple it was. The stonework built on the steep (가파른) ridge of the mountain, which harmonizes beautifully with the natural stones, lets you feel the effort and time people who had a strong tie with this temple have made.

Hardly appears *Muryangsujeon* Hall, ill-concealed (드러나는, 감춰지지 않는) tensions may hurry your pace as you climb steps higher than an adult's stride (보폭), and navigate the road made of alternate angles (엇각). Passing by *Beomjongru* Pavilion, *Anyangru* Pavilion appears. When lowering your head to pass through *Anyangmun* Gate, stone lanterns make room for you as if to put their hands together.

Muryangsujeon Hall; Living and Breathing with Legend!

Muryangsujeon Hall, which flies up with flaps (펄럭거림) of wings like a phoenix, shows up! At the end of the labyrinth, there is *Muryangsujeon* Hall. Finally, loosening up and looking back, the courtyard of the biggest temple in the world spreads out thrillingly across a mountain. Here is a new world looking down from *Anyangru* Pavilion! Now, you understand why *Anyang* means paradise!

Muryangsujeon Hall has many legends. On its left, *Muryangsujeon* Hall has a floating stone that was used for kicking people out who threatened the Buddhist Monk *Uisang* who built *Buseoksa* Temple. There is a shrine of the young girl, *Seonmyo*, at the back right corner. A love story between the Buddhist monk and the foreign girl is passed down there. *Seon* means good and *Myo* means mysterious. What a lovely name it is! Here there are myths (신화) about those who knew how to love in *Muryangsujeon* Hall. The hanging board of *Muryangsujeon*

Hall is the handwriting of King *Gongmin* who loved Princess *Noguk* to death.

The Seonbihwa Flower Breathing in the Aroma of an Ascetic

Passing by the right side of *Muryangsujeon* Hall and walking to the trail (자국) toward the three-story stone pagoda, one reaches graceful *Josadang* Hall. It is the place where Buddhist Monk *Uisang*, who founded this temple, was buried. Under the eaves of *Josadang* Hall, a *seonbihwa* flower grows, which was from the cane (지팡이) *Uisang* planted. The original name of the tree is Chinese pea tree (골담초) (caragana root). You might guess the taste of the flower if you have been in the county once.

Seeing this tree at first, you would not have believed it despite having read the poem written by *Yi Hwang*. It does not really seem that the tree has grown for hundreds of years as well. It gives us more impression than *Muryangsujeon* Hall does since it is always there just the same without a drop of rain or a dewdrop.

When it gets dark, the stone lantern standing in the front of *Muryangsujeon* Hall goes on as if to hold its hands decently (단정하게). The stone lantern brightens the dark greed and spiritual stupidity of the people who are just coming up to the world of heaven from the daytime and gives them a light at night that keeps standing there for one thousand years.

The lamplight brightens our wisdom! The light embraces the dark minds of people tenderly! The stone lantern attracts the beams of space in a night sky and brightens the universe like a lighthouse! Did the spirit, who wants to have the lamplight of mind and pursues such a life, make the stone lantern? Asking me to choose one thing that can symbolize the Buddhism of our country, I will choose this stone lantern. ǂ

등불

상냥하게, 포근하게

02 Hwaeomsa Temple

Driving along *Seomjingang* River on Route 17 watching *Jirisan* Mountain, it is not long before *Gurye* comes into sight.
보이기 시작하다
Gurye has traditionally been the most abundant and rich land with such beautiful scenery as *Jirisan* Mountain, *Seomjingang* River, and the plentiful crops along the wide field.

Hwaeomsa Temple of *Jirisan* Mountain is an old Buddhist temple founded by Buddhist Monk *Yeongi* who practiced asceticism at *Hwangnyongsa* Temple in *Gyeongju* during the rule of King *Gyeongdeok* of *Silla* in the 8th century[1]. It is leaning on *Jirisan* Mountain, and it has the abundant field of *Gurye* in its front.

Bojeru Pavilion Leading to Nirvana Hills

Passing by the first gate of the temple, *Geumgangmun* Gate and *Cheonwangmun* Gate lead to *Bojeru* Pavilion in a straight
일직선으로

1) There were many views about the time of foundation of Hwaeomsa Temple. It has been believed that the temple was founded the time of King Gyeongdeok of Silla due to the copy of "Hwaeomgyeong" which was found in 1979.

line. *Bojeru* Pavilion is the place where the monks and the believers of the temple used for rallies, and it means "to save
집회
all the people in the world." The two-storied castle, which has no decoration or *dancheong*[2] on the gambrel roof, feels so
맞배지붕
restrained that *dancheong* itself might seem to ooze out of the
배어나오다
wood grain.
나뭇결

Gakhwang, Realizing and Awakening

There are many treasures and national treasures in *Hwaeomsa*
보물 국보
Temple with a long history. Among them, especially *Gakhwangjeon* Hall represents *Hwaeomsa* Temple. It is the greatest in scale among the buildings of our temples in Korea and gets something majestic from the images of *Jirisan* Mountain with stability and harmony.

Originally three-storied *Jangryukjeon* Hall sat where *Gakhwangjeon* Hall is now. It was a building with four walls etched of stone with the Avatamska Sutra. *Jangryukjeon* Hall
아로새기다 화엄경
was destroyed during the *Imjin* War but was reconstructed by King *Sukjong*. There is a legendary story that an old woman, who had led a life with little errands in *Hwaeomsa* Temple,
잔심부름
was reincarnated in King *Sukjong's* daughter and helped with
환생하다
the reconstruction of *Gakhwangjeon* Hall. This story has been passed down to this day. King *Sukjong* himself gave the

---

2) traditional multicolored paintwork on wooden buildings

name "*Gakhwangjeon*," and it means both "Buddha is a king of finding enlightenment" and "it was reconstructed arousing a king."

Hwaeomsa Temple, which was severely damaged during the *Imjin* War, came near disappearing during the Korean War. There was an active forming of North Korean partisan around *Jirisan* Mountain. *Hwaeomsa* Temple was often used as their hideout (은신처), so an order of incineration (소각) was given to it in May, 1950. At that time, however, Chief Superintendent (총경) *Cha Il-hyeok* took only *Gakhwangjeon* Hall's gateoff, burnt it down, and reported its burning with the pictures. This is how he defended *Hwaeomsa* Temple from the order.

A Lamp Taking after People's Hearts

In front of *Gakhwangjeon* Hall stands the biggest stone lantern in Korea made during Unified *Silla*. It is not too huge but decent and great, and it is not too pompous (젠체하는) but delicate. While common stone lanterns look soft, decent, and neat, the stone lantern of *Hwaeomsa* Temple looks quite stirring (마음을 뒤흔드는). It looks as if it shoots up Buddha's teaching over the shining galaxy (은하수) in the night sky. It makes people watching feel happy and want to take after (닮다). The stone lantern of *Hwaeomsa* Temple is a lamp that takes after people's hearts.

108 steps following *Gakhwangjeon* Hall lead to *Hyodae*. *Hyodae* has the Three-story Pagoda with Four Lions which is well-known because it has been written about in Korean junior high school text books for a long time. The pagoda is originally the place for preserving sarira of Buddha. What kind of mind did the stonemason(석공), who made a monk putting his hands together as the stylobate(기단) of the three-storied pagoda with four lions surrounding all four directions, try to put in the pagoda?

Kneeling down to the Hyodae

There is a stone lantern of a unique figure in front of the pagoda. Its figure is that someone serves with holding a teacup in three pillars of the lantern under the light chamber stone(화사석)[3]. The scenc that the monk serves with holding a teacup in the stone lantern and puts his hands together in Three-story Pagoda with Four Lions has been said that the monk *Yeongi* prayed for the rebirth of his mother's in paradise. State Preceptor *Uicheon* stopped by this place, and after hearing its touching story, called it "*Hyodae*" in his poem. That is why it is called *Hyodae* till now.

3) It is the upper part a stone lantern that emits light.

There are different views of who the person serving on his/her knees is, but the more I think, it must be a fond place. Whoever the person holding the teacup is – the son who became a monk or his mother – how beautiful he/she is! I hope you will surely go up *Hyodae* with your children if you have a chance to stop by *Hwaeomsa* Temple. †

03 Ssanggyesa Temple

When spring is blooming, how tremendous the way to
엄청난, 굉장한
Ssanggyesa Temple is! Turning around *Jirisan* Mountain at dawn avoiding the busy time, *Ssanggyesa Beotkkotgil*[1] unfolded
새벽
along *Seomjingang* River might have been the way to paradise which made even an ascetic forget his duty of "enlightenment."

Ssanggyesa Temple was built by the Buddhist monks, *Sambeop* and *Daebi*, who were the disciples of Buddhist Monk *Uisang*,
제자
during the rule of King *Seongdeok* of *Silla* in 722. The two monks came to this place to bury the skull of Buddhist Monk
두개골, 머리
Hyeneung of the Zen sect of China after having a revelation in
계시
a dream to take it to a kudzu flower covered with snow in the
칡
valley of *Jirisan* Mountain.

Offering Tea

Ssanggyesa Temple is also famous for traditional tea. *Kim Dae-ryeom*, who had been to Tang as an envoy, brought in the tea
사신

1) It means the road with cherry blossoms.

tree seeds for the first time during the rule of King *Heungdeok* of *Silla* in 828. It is valley of *Ssanggyesa* Temple where *Jakseol* tea trees were grown in *Jirisan* Mountain that has the best condition for tea cultivation. There are the place where tea trees were first planted in our country and the memorial stone near the temple. A tea plantation is now formed around *Jirisan* Mountain, which includes *Hwaeomsa* Temple and *Yeongoksa* Temple, with *Ssanggyesa* Temple as the center. In fact, at a memorial service on New Year's day, tea is offered instead of wine. Such a tea culture has settled deep into our lives for a long time.

Jakseol tea came from Chinese characters, which refer to the shape of the tea leaf like the tongue (*Seol*) of a sparrow 참새 (*Jak*). It is such a cute and pretty name, as it makes us think of how many people indeed watch the tongue of a sparrow. The mellow 그윽한 taste of a cup of tea, which continues to ooze flavor while drinking, and the subsequent 그 다음의 slow walk, adds charm to the consideration of a thousand history.

The tablet 편액 of *Iljumun* Gate on which "*Samsinsan Ssanggyesa*" is written in style of *Yeseoche* makes our mind neat. After passing by *Geumgangmun* Gate, *Cheonwangmun* Gate, and *Paryeongru* Pavilion, *Daeungjeon* Hall appears. Only looking at all the writings of the tablets of buildings in *Ssanggyesa* Temple, as well as the hanging board of *Iljumun* Gate, makes our heart feel cool like the water in the mountain valley. Visiting its home page and reading the verses might help you study.

Paryeongru Pavilion; the Cradle of Beompae

Paryeongru Pavilion is famous for the cradle 요람 of *Beompae*, which is a type of Buddhist music played during rituals. Master *Jingam*, who flourished 번창하다 at *Ssangyesa* Temple, came back from Tang after studying the Buddhist music, made 8-tunes of music watching the fishes playing in *Seomjingang* River, and named it "*Paryeongru*." Even now many minnows 송사리, 피라미 swim around in the valley of its front in summer.

The nine-story stone pagoda in front of *Paryeongru* Pavilion was newly built in 1990. The sarira of Sakyamuni of Sri Lanka was brought in and buried in it. The new history has been started by the people who had united minds.

Is the Mason Buddha?

Experts says that Stele for Master *Jingam*, in front of *Daeungjeon* Hall, is the must-see remain in *Ssanggyesa* Temple. The epitaph 비문 was written by *Choi Chi-won* at Queen *Jinseong* of Unified *Silla*. Though it has been quite worn down, the handwriting looks really fine even just at a glance. In addition, each engraving of *haeseoche* that shows a thin and delicate style of handwriting is great enough to show the ability and effort of the stonemasons. Just reading it still, no matter what Buddha or someone in *Daeungjeon* Hall teaches, the people reaching its level seem to understand the teaching.

Passing by the valley beside *Paryeongru* Pavilion, *Geumdang* with the pagoda enshrined *Yukjo Hyeneung*'s skull, *Cheonghangnu* Pavilion, and *Palsangjeon* Hall appear at the place regarded as the site of the initial *Ssanggyesa* Temple. The hanging boards written "*Yukjo jeongsangtap*" and "*Segyeilhwa jojongyukyeop*," which are written by *Chusa Kim Jeong-hui*, are in front of *Geumdang*.

With this as an example, there is "Spirit of Literature," 문기 which can be regarded as "the essence of Korean traditional culture" here and there in *Ssanggyesa* Temple. In the pre-modern society, 전근대사회 the Buddhist monk is not only a religious seeker but also a philosopher 철학자 and an intellectual 지식인 of the age. It is *Ssanggyesa* Temple that contains and makes us feel all of them: the legacy 유산 of Korean Zen Buddhism, the letters of *Choi Chi-won* and *Kim Jeong-hui*, the writing of the hanging board, *Beompae*, and even *Jakseol* tea.

Though not staying at the temple for few days, you may be able to find one spot that leaves a lasting impression. If you have just a little more time to spend here before leaving *Ssanggyesa* Temple, just stop by the stupas of *Yeongoksa* Temple. You and *Jirisan* Mountain, with its smell of the breezy south coast, will be deeply connected somehow. †

04 Songgwangsa Temple

Jogyesan Mountain, where *Songgwangsa* Temple is located, is well-harmonized with various trees since its soil is good and soft. Walking along the curved road of the valley, with the sun shining and the beautiful mountain surroundings, *Songgwangsa* Temple embraces all its visitors.

The Temple Keeping Dry in the Rain

Songgwangsa Temple is the temple of a Buddhist monk which turned out 16 state preceptors in the *Goryeo* Dynasty. It is one of Tri-Gem temples in Korea: a temple of Buddha, of the law of Buddha and of a Buddhist monk. It still looks big in scale, but it was a really huge temple which included more than 80 houses before the Korean War of 1950. No matter how hard it rained, the eaves were big enough to walk around the temple without getting wet.

삼보사찰

처마

Songgwangsa Temple was founded by Master *Hyerin*, under the name "*Gilsangsa*," in the end of *Silla*. Unified *Silla* and *Goryeo* Dynasty were the time Buddhism was the most prosperous in our history. The temple owned many lands and slaves in the late of *Goryeo*. Buddhism was attended (~을 수반하다) by many evils having a close relationship with not common people but a governing group (집권세력). The various non-Zen sects and the Zen sect were doctrinally opposed to one another, too. Those who have to study Buddhist scriptures neglected (무시하다) the practice in the various non-Zen sects and the monks in the Zen sect emphasized too much on finding enlightenment through Zen meditation.

Buddhist Monk *Jinul* insisted on "*Jeonghyessangsu*" as a new movement (불교신앙운동) of Buddhist belief in this chaos. He contended that the status of samadhi (선정) accomplished the spiritual unification through Zen meditation, "*Jeong*," and the wisdom penetrating (관통하다) the what of a thing, "*Hye*." That is to say, both *Jeong* and *Hye* should be evenly accomplished without leaning toward one side (*Ssangsu*). Also, he insisted that asceticism should be continuously practiced (*Jeomsu*) not to lose it after finding enlightenment at a stroke (*Dono*). This has had a vital influence on Korean Buddhist asceticism till now.

Cheokjugak Pavilion and Sewolgak Pavilion

Walking across *Cheongnyanggak* Pavilion which is above the stream beside the entrance of the temple, your mind will be washed away. Climbing up along the mountain stream, *Songgwangsa* Temple, which is gently nestled in *Jogyesan* Mountain, appears. You may walk across the stepping stones of the stream repeatedly instead of going into *Iljumun* Gate straight away, due to the great scenery that *Imgyeongdang* Hall and *Uhwagak* Pavilion create.

Once coming into *Iljumun* Gate, you can see *Cheokjugak* Hall and *Sewolgak* Hall, which are both small spaces which are hardly seen in the other temples. Before setting up ancestral 위패 tablets in the temple, it is the last place to wash off the dirt of the world. A man's spirit is served in *Cheokjugak* Hall where its name means washing off a bead 구슬 and a woman's spirit in *Sewolgak* Hall where its name means washing off a moon. Are the dead more dirty than the worldly people who should wash their mind several times from *Piangyo* Bridge, to *Cheonwangmun* Gate?

Daeungbojeon Hall without a Stone Pagoda

It is common to have a stone pagoda in front any temple, but there is no pagoda in front of *Songgwangsa* Temple. Instead, it surely shows that this is the temple of the Zen sect by making space for Zen meditation behind *Daeungbojeon* Hall.

After climbing up the steep stair behind *Gwaneumjeon* Hall, a stupa known for State Preceptor *Jinul*'s appears. If standing up in front of the stupa, all the buildings of *Songgwangsa* Temple will be spread out before you. The descent stupa, standing as if State

Preceptor *Jinul* who entered Nirvana while delivering a Buddhist sermon to the disciples talked to us, rouses a feeling of warmth.

The Wooden Buddha Triad Niche that Jinul Carried

There is the Wooden Buddha Triad Niche (목조삼존불감) that *Jinul* carried, made in the 9th century in *Seongbo* Museum in *Songgwangsa* Temple. Buddhist niche (딱 맞는 자리, 감실) is a small Buddhist shrine. A statue of Buddha is enshrined in a small space like a room. It is also a portable Buddhist temple which Buddhist monks can carry when going out, so wherever they go, they can take it out to worship Buddha.

An octagonal cylinder (원통) was divided into halves, one half became the central niche, and the other half was divided into two again. And the two were connected on the either side of the central niche. Therefore, the temple having three niches is spread out as opened. Each niche has two Bodhisattvas on either side of Buddha at the center. The skill carved out of one piece of wood is so delicate that it can look mysterious as if it were carved out of many pieces. All the faces carved felt so mild, soft, and had something exotic, so they could cause some problems about nationality. It was the Buddhist niche that State Preceptor *Jinul*, who was one of the highest person in *Goryeo*, carried. You can guess how great craftsman had made it elaborately.

Songgwangsa Temple has been training many Buddhist monks who would save many people and made people devoted to the practice of asceticism. It is also neater and tidier than any
깔끔한
other temple, so there are no televisions till this very day in *Songgwangsa* Temple though multi-media broadcasting is so much developed nowadays. Since most of the temple is used for the practice of asceticism, signposts stating certain areas are off-limits to the general public are put up everywhere in
출입금지의
Songgwangsa Temple.

On the other hand, it still has such a heart that soothes children,
달래다
who do not distinguish between "running away from home" and "becoming a Buddhist," to make them return home, and offers a cup of tea to travelers, chatting with them for a while. ☨

05 Seonamsa Temple

It is the place where people want to show someone next time though they were alone at first! There are many mountain temples in our country. However, where else could such a bantering (정감 어린) path on the way to my grandparents' house in the outskirts (변두리) of a village be? Walking along the valley enjoying the peace and quiet, the stream water running through silently, getting together again, and flowing down as broken pieces along the rock, even makes my companions' (동반자) voice washed away. What a lonely and pleasant mountain path it is!

Seungseongyo, a Beautiful Rainbow Bridge

Passing by the stupa field surrounded by Japanese cypresses (편백나무), a rainbow bridge, which is so familiar with us, appears. Going under *Seungseongyo* Bridge, the beautiful rainbow bridge, symbolizing the Korean mountain temple, leads to the world of an ascetic.

In the entrance of the temple, going across the bridge means washing off the dirt of the world. It is natural for us to run into the world of Buddha in a heartbeat, but just watching it in this world is good enough to linger (남다) at the door. The heart to stay just here might stir us up, but soon the hesitant (머뭇거리다) mind will be getting clear. Another figure, who is going to watch the world of Buddha over there, leads us to cross the bridge before we know it.

The soil of *Jogyesan* Mountain is plenty and soft. A lot of water in a wooded valley flows calmly and sounds good. Passing by *Gangseonru* Pavilion, the path leads to *Samindang* Pond. The temple appears turning around the small tea field coming into bloom in winter.

The Temple No Need for Four Guardian Kings to Keep the Entrance

Iljumun Gate appears while going up the stairs made out of stone as if standing for many years. The hanging board written "*Jogyesan Seonamsa*" in the printed style, which shows the graceful mood of the temple, is put up on the pillar of *baeheullim* style. There are no *Cheonwangmun* Gate, *Geumgangmun* Gate, and *Inwangmun* Gate, etc., in *Seonamsa* Temple, so *Iljumun* Gate leads to right *Beomjongnu* Pavilion. It is *Seonamsa* Temple which is really comfortable like an airport without heavy security. It does not need any Deva Kings or Four Guardian Kings to keep the entrance.

There are different views about the founder of *Seonamsa* Temple. One is that the founder was Buddhist Monk *Ado*, who was the priest of *Goguryeo*. Another is that the founder was

State Preceptor *Doseon*, who worked in the end of United *Silla*. There is a three-story stone pagoda built at the end of Unified *Silla* on either side of the front of *Daeungjeon* Hall, so the foundation by State Preceptor *Doseon* is the predominant view.
지배적인

The Great Yard of Daeungjeon Hall

There is a yard between *Daeungjeon* Hall and *Manseru* Hall, where one can bathe in fresh sunlight. It is a good place to calm
씻다
ourselves down for a while as if carving a rock Buddha. There is *Gwaebuldae* in the yard of *Daeungjeon* Hall. It is a support made out of stone in order to hang up Buddhist paintings during a Buddhist ceremony. It should be distinguished from a flagpole support in front of the entrance.

As if the Fragrance of Plum Flowers Pulled down the Stone Wall

Climbing up the stairs behind *Daeungjeon* Hall, one can walk by the old village. Looking around the garden of *Seonamsa* Temple, people let themselves relax with its genuineness without constraint. It does not need any asceticism nor paradise
제약
there in spring when the plum flowers of an old tree and the *Seonam* plum tree over 600 years old are harmonized with a stone wall. If practicing Zen meditation in a closed room, even in early spring, with the flowers of a plum tree over the stone wall emitting fragrance, what kind of asceticism could it be?
내뿜다

The fragrance of the plum flowers blooming in an old and thick tree seems to pull down the stone wall. If there has not been any chance to see plum flowers in spring, why not visit the festival of red plum flowers in *Seonamsa* Temple? There has not been any stone lantern in *Seonamsa* Temple since there were too many fires, however, the nights of spring at the time of plum flowers seem forever bright!

Find Enlightenment

Daegagam Hermitage appears when walking up the path behind *Songgwangsa* Temple. The name was given since State Preceptor *Uicheon* found enlightenment there. He became a Buddhist monk though he had been a prince of *Goryeo* Dynasty and made the Tripitaka completing the collection of Buddhist Scriptures (Sutras). Moreover, he brought *Seonamsa* Temple to great prosperity, so the oldest portrait of him in our country and the robes 법복 that he was wearing have been passed down till now in the museum of *Seonamsa* Temple.

There seem to be some students who prepare for state exams now in *Daegagam* Hermitage. The young people who are burning with youthful ardor 열정 look so free. The stupas nameless around in *Seonamsa* Temple seem to tell us to enjoy freedom. The restroom is called "*Haeuso*" in a temple. There is "*Haeuso*" which can throw away not only the dregs of a body but also those of a spirit.

Not Asserting Its Authority

A temple is the same as a palace. There should be *Geumdang* placed like *Daeungjeon* Hall in its very center after passing by three gates. Also there are the sharp distinctions among spaces. Yet, there are no such characteristics in *Seonamsa* Temple. There is only the world of Buddha, which can offer a relaxing retreat 조용한 곳 after crossing over the rainbow bridge. If you pass by *Iljumun* Gate, there is not a *Cheonwangmun* Gate nor a *Geumgangmun* Gate. In the front yard of *Daeungjeon* Hall, a sky is spread out and an authority cannot be found. In spring, all of it changes into green, and the trees, flowers, and the short stone wall among the buildings make the haven 안식처 of gods in the back of *Daeungjeon* Hall. A Buddhist monk hits the road lined with fragrant plum flowers. His appearance from the back, putting on rubber shoes 고무신 and shouldering a pick while walking to the tea field smiling, makes us happy.

Probably feeling the longing of plum flowers all through winter, you may be obliged to go south at once when hearing the news of spring blossoms. And the story that could not have finished yet will continue. I hope you visit there in this way some day! ‡

Geumsansa Temple

Where will the savior (구세주) of human beings come from? Where will the savior of our country come from? The savior who the forefathers of this country asked for seems to come from the mountain. A mountain, regardless of its height, might be the haven of a soul to the people of our country and the place where the savior comes from and stays. *Dangun*, the legendary founding father of *Gojoseon*, came down on *Taebaeksan* Mountain, and the Manjusri (문수보살), as well as Maitreya Buddha (미륵불) stayed on a mountain.

A Savior, Maitreya Buddha

Moaksan Mountain, which *Geumsansa* Temple is located on, is the only place where we can see the horizon (지평선) in our country. The *Honam* plain (평야), the greatest bread basket (곡창) of our country, is a wide and big region of the plain where no shade can be found in summer. Well, why were the people anxious to see the savior who is called Maitreya Buddha in such a rich plain of the city *Gimje*?

Maitreya Buddha means the Buddha that will come in the future to save the people who Sakyamuni could not save 5,670,000,000 years later Sakyamuni passed away. It is similar to Messiah of Christianity.

The Frog Tied by the Willow Branch

Geumsansa Temple was first built as a place of prayer for King *Beop* of *Baekje* in 599. It flourished during the construction of Buddhist Monk *Jinpyo*, at the time of King *Hyegong* of *Silla* in 766. Buddhist Monk *Jinpyo* erected both *Mireukjeon* Hall, the symbol of *Geumsansa* Temple, and the statue of Maitreya. The beautiful story of his "becoming a Buddhist monk" is still passed down.

He was born in *Gimje* at the time of King *Seongdeok* of *Silla* Dynasty. At his mother's knee, he once caught a frog, threaded
어린시절 꿰다
its mouth and nose through a willow branch, and soaked it
버드나무 담그다
alive in a stream. He tried to take it on the way back home, but he totally forgot it.

In spring of the next year, while passing by the place, he found the frog crying still tied by the willow branch and he became lost in meditation. What is the cry of that frog? How did it hibernate? What is indeed life? He moved toward *Geumsansa*
겨울잠을 자다
Temple of *Moaksan* Mountain without even knowing it, and he who decided to become a Buddhist monk took care of his

parents with all his heart for three years, and then he became a Buddhist monk. He served Maitreya Buddha in *Geumsansa* Temple and he founded a sect standing on the basis of Maitreya ideas, "*Beopsang* Order."

Gyeonhwon's Pain

There is a close connection between *Geumsansa* Temple and *Gyeonhwon*, who founded Later (후백제) *Baekje*. *Gyeonhwon's* Gate still remains at the entrance of the temple. Above all, *Geumsansa* Temple was the place where he lost his throne (왕위를 잃다) to his oldest son, *Singeom*, and was locked away. In fact, he tried to turn over the throne to his beloved last son, *Geumgang*. However, his other sons killed *Geumgang* and then overthrew him of his throne. *Gyeonhwon* was locked in *Geumsansa* Temple for three months and defected to his rival of the age, King *Taejo*, *Wanggeon*. He was put in the situation to pull down his country to punish his betraying (배신하다) son. *Wanggeon* easily defeated Later *Baekje* and captured *Singeom*. Yet, he spared (피하게 해 주다) *Singeom* and killed the other sons. *Gyeonhwon* heard this news and died from *hwabyeong*[1] in *Gaetaesa* Temple.

---

1) mental or emotional disorder as a result of repressed anger or stress

The Symbol of Geumsansa Temple; Mireukjeon Hall

The building which stands for *Geumsansa* Temple is *Mireukjeon* Hall. It is *Geumdang* built up in style of a three-story wooden pagoda, which is well-harmonized with the leaves of a persimmon 감 tree in a big yard. The inside of this building is opened to the ceiling 천장, and when looking up at the ceiling, you will see Maitreya Buddha of an amazing size looking down with a generous and benevolent 자애로운, 인자한 image. Unusually, the statues are all not sitting down but standing up. A savior is probably going to come that way.

There is a Mahayana ordination platform 방등계단 on a hill behind *Mireukjeon* Hall. It is used for the ceremony of ordination, and only *Geumsansa* Temple and *Tongdosa* Temple in *Yangsan* have it. The statue of Four Guardian Kings who guards the Mahayana ordination platform looks not strict at all, but like a guard who friendly exchanges greetings. Many figures are carved in the stone pillar used for the banister 난간 of the downstairs stylobate. It does not look easy to cross over the stair, but the short guards seem to take us by the hand.

What Is Enshrined in Stone Lotus Pedestal

Turning around the Mahayana ordination platform and coming down to the yard of *Mireukjeon* Hall, the stone work bigger than one's wingspan is calmly sitting there. It is a stone lotus pedestal that seems to have enshrined the statue of Buddha. It looks as if the two-layers of lotus blooming and the middle part and bottom part were separately carved, but it is beautiful stone work carved out of one big stone. The stone lotus pedestal itself is perfect enough, but what did people put on there? What did it look like? Well, what did people put down there?

There is one more interesting thing that we can imagine! It is *Nojuseok*, which is a kind of pillar stone, that looks as if lost something. It does not seem to be a pagoda taken altogether. If a light chamber stone was put in the middle, it could be a beautiful stone lantern, but what it is now is unique enough to imagine something. What was it?

There is a joy to imagine in *Geumsansa* Temple. Every nook 곳, 구석 and corner of the temple will make you imagine things. Why don't you come and make your own story? ‡

07 Sudeoksa Temple

Sudeoksa Temple in *Deoksungsan* Mountain is located in *Yesan*, which is called "*Naepo*" as the best land of living, in *Chungcheong-do*. The land of *Naepo* including *Asan*, *Seosan*, *Hongseong*, and *Yesan* is a hilly district, and it is close to the sea, so salt and local products are rich.

People say *Sudeoksa* Temple was founded in the end of *Baekje*. There, however, is no clear record. There is a record only that *Daeungjeon* Hall was built in 600, and *Damjing* painted a mural at that time.
벽화

Ommani Banmehum! What a Gem in Lotus!

Entering *Geumgangmun* Gate, the Deva Kings look solemn on both sides. They are "*Ah* Deva King" and "*Hum* Deva King."
아금강역사 훔금강역사
Sounding "*ah*" and "*hum*" at the same time makes the sound "*om*," which means both the beginning and the end of the universe. It comes out when people say a mantra.
주문, 진언

Ommani banmehum! It sometimes comes out in dramas and movies. A mantra is the words that Buddha's enlightenment or the wishes of people's mind appear and the true and pure spell 주문 of Buddhism. When people get in trouble, it is a spell which calls out the Avalokitesvara Bodhisattva. Chanting this mantra, people say that she comes out and guards them. It means "*Om*, what a gem in lotus, *hum*."

Surisuri Mahasuri; Make Your Mouse Clean

The most popular mantra is the one that Goku chants. *Surisuri Mahasuri Susuri Sabaha*! He chants this three times, and it is called "the mantra 정구업진언 for purifying the karma of the mouth," which comes out in *Cheonsugyeong*. How bad karma do people get when they talk wild? Therefore, cleaning the mouth is a winsome 마음을 끄는 ceremony. This mantra means "Something good will happen, something great will happen, so happy." As a Buddhist chants Sutra all the time, he can simply meditate on the meaning of "cleaning up one's mouth" while walking.

The Oldest Goryeo Building

Daeungjeon Hall, located at great heights in a square and wide yard, is a building that has the oldest history in *Sudeoksa* Temple. It is situated neatly in a modest 겸손한 way as a face of *Sudeoksa* Temple. It is the oldest *Goryeo* building in our country, together with *Geungnakjeon* Hall of *Bongjeongsa*

Temple in *Andong*, and *Muryangsujeon* Hall of *Buseoksa* Temple in *Yeongju*.

It is not only the oldest but it is also very graceful and beautiful. Its architecture shows great discernment 안목 of *Goryeo* people. There are three rooms in front and four rooms in flank 측면, but the room in front was made bigger, so it looks almost like a square.

Daeungjeon Hall of *Sudeoksa* Temple has a *baeheullim* pillar which looks stable. A *baeheullim* pillar is thickest at one third of the pillar and gets increasingly thinner above and below. A *minheulim* pillar is thickest at the bottom of the pillar and gets increasingly thinner above. A *baeheullim* pillar is an older type of structure than a *minheullim* pillar.

Stretched out a Hundred Times of Inking Line

A *baeheullim* pillar does not only have stable and beautiful visual effects, but also takes much more difficulty and labor than a *minheullim* pillar. When planning a *minheullim* pillar, clever carpenters do not need to stretch out an inking line 먹줄을 먹이다. When constructing a *baeheullim* pillar, however, this should be done more than a hundred times.

Daeungjeon Hall of *Sudeoksa* Temple has the gambrel roof with *jusimpo* type on the *baeheullim* pillar. *Jusimpo* used only one *gongpo*, which helps spread the weight of the roof on the pillar. On the contrary to this, *dapo* uses another *gongpo* between the pillars. The *dapo* type appears more often in modern times in order to spread the weight of the roof as its weight gets heavier.

Supporting the Sky with Calmness

A roof of tile-roofed house (기와 집) is very heavy due to the tiles, so the tiles are spread over the bark (나무껍질) of a tree and soil mixed with lime (석회) in order to reduce the weight and raise warmth. When there was a fire in *Sungnyemun* Gate, it was hard to extinguish (끄다) the fire because of the bark.

Going around *Daeungjeon* Hall, and seeing its beautiful side profile would be another experience to enjoy to the fullest! Like a turned "V," *Daeungjeon* Hall looks as if its calmly supporting the sky. Nails were never used in its construction, so no matter how long we watch the balanced and stable structure, we wouldn't be bored.

A Temple with Various Stories

Sudeoksa Temple has such various paradigms that are very interesting. The oldest is *Daeungjeon* Hall, which was built in *Goryeo* Dynasty! In addition, there is a Buddhist nun of *Sudeoksa* Temple in a popular song, the stories about the monks *Gyeongheo*, *Mangong*, and *Iryeop*, and many stories about those who have lived here. Having so many paradigms,

it is an emotional anchor of the leading temples of Korean
정신적 지주
Buddhism. It is such a stick-to-it-ive temple.
끈덕진

Though realizing at once, delusion remains the same.
망상
If realizing at a time, could you be really the same as Buddha?
Such old habits are rather vivid and clear.
생생한
The wind became calm, but the waves are still running high,
Though the truth is revealed, delusion remains the same.

The monk *Gyeongheo* made the Zen sect of Buddhism prosperous while staying in *Sudeoksa* Temple in the latter era of the *Joseon* Dynasty. When serving him good appetizers with drinks and wine, one Buddhist monk asked *Gyeongheo* "How come you still enjoy these things?" He replied with this poem. His honest, calm, and humane figure looks so beautiful.

As a mother who dedicates herself to her children is both a
헌신하다
woman and a human being, a monk who practices asceticism must be a man who is not free from the anguish. There are only a mother and a monk who try to control it. We, however, often forget their original figures as human beings. ǂ

08 Jogyesa Temple

Jogyesa Temple, which is located in the middle of Seoul, is a center of Korean Buddhism. It is the headquarters of *Jogye* Order of Korean Buddhism, standing for Korean Buddhism. The Central Executive Office in charge of administration, and the Central Assembly playing a role of assembly of *Jogye* Order, are located at *Jogyesa* Temple.

의회

Jogyesa Temple is where the breath of history, which went through the modern period of turbulence with people, is still alive. It was also the place that made a constant effort beyond religion to create a better world for people.

격동의 시대

The Headquarters of the Modern Buddhism of Korea

It was founded at first as "*Gakhwangsa*," under the Japanese rule in 1910, in order to wish for the self-propelled *Joseon* Buddhism and national independence. It was the first temple built within the four gates of Seoul during the Japanese occupation period, and has become the headquarters of Modern Buddhism of Korea. It has since changed its name to "*Jogyesa*"

자주의

일제강점기

after a clean-up campaign for Buddhism 불교정화운동 to overcome the legacy of the Japanese occupation was carried out.

Daeungjeon Hall, which was originally "*Sibiljeon* Hall" used for the sanctuary of *Bocheongyo* in *Jeongeup* of *Jeollabuk-do*, one sect of *Jeungsangyo*[1], was taken in at a sale by auction 경매 in 1936. The scale of *Daeungjeon* Hall, which has 7 rooms at the front, 4 rooms at the side, and the Korean traditional half-hipped roof 팔작지붕, looks solemn. In *Daeungjeon* Hall, there is a seated wooden statue of Buddha 목불좌상, which was moved there from *Dogapsa* Temple of *Yeongam*.

A Buddha for Five Minutes in a Locust Tree Forest

There is a kind of locust tree 회화나무 which is almost 500 years old, and white bark pine tree 백송 designated as a natural monument 천연기념물 in front of *Daeungjeon* Hall. There used to be a forest in this place a long time ago. All of us cannot be a Buddha, but there seems to be no better place than here to be a Buddha for just five minutes while escaping the noise and thought of a city.

Meet Buddha Where Is Close to a Life

Around *Jogyesa* Temple, there are *Gyeongbokgung* Palace, *Changdeokgung* Palace, *Deoksugung* Palace, and the

1) a kind of Korean traditional religion

Cheonggyecheon Stream which has been newly renovated. It is the only traditional temple located in *Jongno* at the right center of Seoul, a growing and internationally cultured city. Crossing over the street *Ujeongro* and an alley(골목) in front of *Iljumun* Gate, there is *Insadong*, which is the center of Korean calligraphy(서예) and traditional art. It is a place which gives many foreigners and daily busy citizens of Seoul some rest and peace of mind.

At present, most temples in our country are in the woods. When Buddha himself first founded the Bamboo Grove(죽림정사) Monastery, however, he said that the location of temples was good if they were not so far or so close, but easily reachable for Buddhist sermons and propagating(전파하다, 포교하다). In addition, they were built in places that were not crowded with people in the daytime, and where it was quiet and easy to practice asceticism at night.

Therefore, the temples built in Unified *Silla* and *Goryeo* Dynasty, when Buddhism flourished, like *Bunhwangsa* Temple and *Hwangnyongsa* Temple, were placed where most people live. But the temples were ousted(몰아내다) from the town in *Joseon* Dynasty because *Joseon* suppressed Buddhism and encouraged Confucianism as a national policy. That is why it is regarded as natural that the temples are in the woods, and such thinking is leading to now.

In fact, being alone in a deep forest does not mean "renouncing(포기하다) the world." On the contrary, the essence of Korean Buddhism is to follow the tradition of Mahayana Buddhism, which advocates saving all people. In this sense, *Jogyesa* Temple keeps its tradition well following the teachings of Buddha faithfully. It is open 24 hours a day, and whoever wants to visit – a local resident or a foreigner, Buddhist or not – can stop by there at any time.

The Buddhism Central Museum (불교중앙박물관) established by the *Jogye* Order is in the Memorial Hall of Korean Buddhism Culture (한국불교문화역사기념관) and History next to *Jogyesa* Temple. It was opened to make people know the excellence of Buddhist culture on the basis of the cultural density (밀도) and accessibility (접근성) of surroundings, and tries to be placed newly to help people understand the traditional culture of Buddhism and feel it an expedient (방편) of life.

The Buddhism Central Museum preserves the cultural assets of Buddhism, receives donations, and displays many relics. Especially, it has the oldest woodblock printout in the world "*Mugu jeonggwang daedarani-gyeong* (Great Dharani Sutra of Immaculate and Pure Light)" excavated from *Seokgatap* Pagoda of *Bulguksa* Temple. †

09 Woljeongsa Temple

Where we draws the moon of mind beautifully! Since the mountain is beautiful and water is good, *Woljeongsa* Temple of *Odaesan* Mountain has been said that people are purified soon, even though they don't chant a Buddhist prayer.

Woljeongsa Temple was founded during the time of Queen *Seondeok* of *Silla* in 643. It is a temple that was founded by Buddhist Monk *Jajang*, who came back from Tang, trying to get next to Manjusri Bodhisattva. From old times, *Odaesan* Mountain is one of the most famous mountains that even Three disasters (삼재) do not touch in our count, so there are no mosquitos in summer because of clean air, and *Utongsu*, the source of *Hangang* River, is there.

The Path of the Fir Forest in Woljeongsa Temple

Woljeongsa Temple is located in a fir forest (전나무숲), which is over 500 years old. When entering *Iljumun* Gate, where "*Woljeong Daegaram*" was written by Buddhist Monk *Tanheo* is, there is a beautiful path through a fir forest, which cannot be easily found anywhere else in our country. Yet, the path looks so familiar as if to meet a monk who is praying, or a friend who has practiced asceticism. After walking on the path for a while, you can see *Seonghwanggak* Hall on the left. The indigenous god who guarded the village is now guarding *Woljeongsa* Temple. Without walking on the path listening to the *Odaecheon* Stream running next to the fir forest, we cannot say that we have been to *Woljeongsa* Temple.

Most buildings in *Woljeongsa* Temple were burnt down during the military operation of 1.4 Retreat (1.4 후퇴) in 1951 during the Korean War. Buddhist Monk *Tanheo* reconstructed *Geumdang*, *Jeokgwangjeon* Hall, in 1964 and it has been repaired periodically (정기적으로) as needed until now.

The Statue of the Bodhisattva Sitting for a Thousand

Passing by the fir forest, *Cheonwangmun* Gate appears on a small hill. After passing the hill, *Jeokgwangjeon* Hall, which is the center of *Woljeongsa* Temple, appears. Generally, *Jeokgwangjeon* Hall is the building which enshrines Vairocana Buddha, but this building enshrines Sakyamuni Buddha, which is gesturing bhumisparsa mudra. In front of *Jeokgwangjeon* Hall, there is the Octagonal Nine-story Stone Pagoda of *Woljeongsa* Temple, which did not burn down even during war. Before the pagoda, one Bodhisattva wearing a long crown on his knees is presenting something. It is the figure of the Bodhisattvas which can be seen only in *Gangwon-do*. Is it a flower? Well, if it is, what kind of flower is it? Even a current of cool wind do not just pass by the figure which is serving a flower sitting such for a thousand. I have ever seen the picture of this Bodhisattva listening to the chorus part of the song "Madame Butterfly" of Giacomo Puccini as the background music. It looked as if the flower had bloomed and the Bodhisattva had been smiling brightly. In the temple covered by snow in winter, the wind sounds brightly. The tasty mineral 약수 water of *Bullyugak* Pavilion, which doesn't freeze in the middle of winter even when it's minus 20 degrees Celsius 섭씨, will quench 풀다 the thirst of your mind.

The Sound of the Wind at Bukdae Mireugam Hermitage

Is it not enough yet? Do you still hate anyone? Well, then make your way toward *Bukdae Mireugam* Hermitage, which is one of 5-dae in *Woljeongsa* Temple! When walking up the path in front of *Sangwonsa* Temple, you can listen to the wind from East Coast!

Bukdae Mireugam Hermitage is where Master *Naong* practiced asceticism. Climbing up *Naongdae*, where he practiced Zen meditation, you can overlook *Odaesan* Mountain. It is a legend about Master *Naong* and kudzu vines comes from. Once,

Naong decided to move 16 pieces of Arhat 나한상 Statue from *Bukdae* to *Sangwonsa* Temple himself. The day of moving, all those pieces themselves flew to *Sangwonsa* Temple. There were only 15 pieces there, however, one was missing, but after looking around the forest for a while, he found one piece caught in kudzu vines. Later, *Naong* ordered a mountain god to remove the kudzu vines from *Odaesan* Mountain. Since then, there has not been a single piece of kudzu vine in *Odaesan* Mountain. How mysterious it is!

There is still a monk who reads the Buddhist scriptures and practices asceticism alone in *Bukdae Mireugam* Hermitage. Though he looks so thin after a long life of asceticism, he has the sparkling eyes of an ascetic who goes over a mountain ridge in the cold winter wind. The words of the Buddhist monk that those who climbed up *Bukdae Mireugam* Hermitage passing *Woljeongsa* Temple might have been an ascetic in their past lives still linger.

Even though not a Buddhist, there are various programs that enable people to experience the mountain temple in *Woljeongsa* Temple. Also, there is a famous Buddhist school in the city, which is run by *Woljeongsa* Temple. It is a kind of program which practices asceticism for a month before becoming a Buddhist monk. During a temple-stay, there is a

poem that should always be recited before eating a meal in the
임송하나
temple kitchen, which is meant to make our heart clear. By reducing anger in your heart a little, happiness will arise all around you...

The face without anger is really caring for others.
A gentle voice of word sounds exquisite.
The heart pure and sincere is genuine.
It is Buddha's heart that is not unfailing and good. ‡
언제나 변함없는

10 Sangwonsa Temple

Sangwonsa Temple was founded by the Princes of *Silla*, *Bocheon* and *Hyomyeong*. The two princes turned their back on the world and went into *Odaesan* Mountain at the age of turmoil owed to the succession to the throne. They
혼란, 소란 계승
chanted a Buddhist prayer and practiced asceticism at
염불하다
Dongdae, *Seodae*, *Namdae*, *Bukdae*, and *Jungdae*, and they saw 50,000 Buddhist saints with their own eyes.

Later, four generals came out from the royal palace to take the brothers for the succession to the throne. The older brother, *Bocheon*, declined the right of succession while crying, and at
거절하다
last, the Prince *Hyomyeong* returned to *Gyeongju* and became King *Seongdeok*. A few years later, in 705, King *Seongdeok* founded the temple called "*Jinyeowon*" where *Sangwonsa* Temple is now.

The Holy Land of Manjusri Belief

The Buddhist monk of *Silla*, *Jajang*, believed that Manjusri Bodhisattva which symbolizes wisdom lives on *Odaesan*

Mountain. This effect made *Odaesan* Mountain become the holy land (성지) of Buddhism based on the Manjusri belief (문수신앙). The Manjusri Bodhisattva is one of the typical bodhisattvas, which is commonly expressed by the shape of riding a tiger, in Mahayana Buddhism.

Sangwonsa Temple, established on the base of Manjusri belief, has passed down various stories related to King *Sejo* of *Joseon* Dynasty. King *Sejo*, who had killed his nephew (조카) and risen to the throne (왕위에 오르다), was troubled by feelings (죄책감) of guilt. Moreover, it is believed he suffered from a skin disease because Queen *Hyeondeọk*, a mother of King *Danjong*, spit at him in his dream.

Then, King *Sejo* saw the Manjusri Bodhisattva closely in the valley of *Sangwonsa* Temple. One day, he was taking a bath alone in the valley of *Sangwonsa* Temple, and he made one boy passing by wash his back.

The king felt concerned about the safety of the boy who had seen the king's body closely, so he told him not to tell anybody that he saw king's body. Then the little boy said to the king, "Do not tell anyone you have met Manjusri Bodhisattva closely." The king was so surprised and looked back, but the boy had already disappeared.

After Manjusri Bodhisattva washed his back, the king was healed of his skin disease. As a token of thanks, the king had the boy drawn and a statue of the little boy was made at *Sangwonsa* Temple. This statue is known as the Seated Wooden Child Manjusri in *Sangwonsa* Temple. Like this, Manjusri Bodhisattva is expressed in the image of a little boy and the typical statue of Manjusri Bodhisattva at *Sangwonsa* Temple.

Open a Time Capsule

In total, 23 pieces of relics including the Writing of Princess *Uisuk* and the Gilt-bronze sarira reliquary came from the Seated Wooden Child Manjusri. Out of those relics, the one thing catching 눈길을 끌다 people's eyes is the dress that King *Sejo* wore. It even has a trace of bloody pus 고름 that showed how King *Sejo* suffered from a skin disease, which shows the mournful heart of his daughter and her wishing that her father would be cured. The relics are being displayed in the *Seongbo* Museum in *Woljeongsa* Temple at present in order to pass on the facts related to King *Sejo*'s life. You'd better visit there.

The things found in the belly 배 of the statue of Buddha could be called a time capsule. When a statue of Buddha is made, people put relics, which include the various wishes and details of which they came from, in the empty part of the statue. The relics coming out of the body part of the statue are called "*bokjang*" in Korean. The hanger that King *Sejo* used to hang his clothes up when he was taking a bath still remain in the valley of *Sangwonsa* Temple.

Another thing that cannot be missed is the Bronze Bell of *Sangwonsa* Temple. It is a very elaborate and beautiful bell etched with an image of a flying fairy, and it is the oldest bell in our country. After the Bronze Bell of *Naksansa* Temple was burnt during a natural disaster, the fact even a bell is not safe from a fire became known to us. Therefore, the preparation for the Bronze Bell, which is the most important in our country was made. When there is an emergency such as a fire, the bell is going to be dropped into the dips (움푹 파인 부분) and covered with dirt. This bell is valuable enough to install this safety device in order to leave it to posterity (후세, 후대). When you have a chance to visit, be sure to look at the carving of the flying fairy first.

Hanam Saves Sangwonsa Temple

Sangwonsa Temple could be saved from a fire thanks to Buddhist Monk *Hanam* during the Korean War. In order to prevent the North Korean army from using the temples as a base, right after setting fire to *Woljeongsa* Temple, the soldiers came upon *Sangwonsa* Temple, too. *Hanam* asked the soldiers who were about to set fire to the sanctuary to wait a second and neatly wore his robe and sat up straight in the sanctuary. Then he told them to set fire there.

He never drew back (물러나다) in spite of their dissuasion (만류) and only said, "I am the disciple of Buddha, and keeping the sanctuary where Buddha is, is what I have to do, now just do what you have to do."

The officer who was impressed by *Hanam* took off the door of the sanctuary, burnt it down, and left after creating only a scene of a fire. That is why *Sangwonsa* Temple still exists today. Therefore, the precious national treasures such as the oldest Bronze Bell, and the Seated Wooden Child Manjusri can still be seen now.

Buddhist Monk *Hanam* had been a chief monk in *Bongeunsa* Temple in Seoul, but he had come into *Odaesan* Mountain saying, "I would rather become a crane which has disappeared all ages than learn the talent of a parrot (앵무새) one season." In 1951, he did not depart *Odaesan* Mountain until entering Nirvana and reached the state of nirvana in his seat.

Five-Jeokmyeolbogung

Passing by *Jungdae Sajaam* Hermitage and climbing up about one hour from *Sangwonsa* Temple, *Jeokmyeolbogung* appears. Sometimes, people climb up there making a "three steps, one bow" (삼보일배) walk. Though it is a remote mountain, it is pleasant enough to walk up. The sarira of Buddha is buried in *Jeokmyeolbogung*. At the time of Queen *Seondeok* in *Silla*, the sarira of Buddha was brought in from China and divided into five for five temples. *Sangwonsa* Temple on *Odaesan* Mountain, *Bongjeongam* Hermitage on *Seoraksan* Mountain, *Jeongamsa* Temple on *Taebaeksan* Mountain, *Beopheungsa* Temple on *Sajasan* Mountain, and *Tongdosa* Temple on *Yeongchuksan* Mountain are called 5-*Jeokmyeolbogung*.

There is no pagoda for the sarira of Buddha in *Jeokmyeolbogung* of *Sangwonsa* Temple. They are said to be buried somewhere behind *Jeokmyeolbogung*. Now, only a rock-carved pagoda stands there, and it gives surrounding area more brightness and quiet. It seems as if there's something good that makes people's heart warm there though not knowing feng shui (풍수지리). Stay there as long as you would like.

Some people may suddenly go back there again when coming down the mountain. Since it is not easy to visit again, people might look back before leaving. Where is the sarira of Buddha buried? It seems interesting to come back down imagining about it and greeting the ones you meet with warm eyes. ☨

11 Haeinsa Temple

Haeinsa Temple of *Gayasan* Mountain! *Gayasan* means the highest and most beautiful mountain in an ancient country, *Gaya*. *Haeinsa* Temple was founded by the Buddhist monks *Suneung* and *Ijeong* during the rule of King *Aejang* in 802. Its name, *Haein*, came from "*haeinsammae*." It means "the stage which can illuminate everything in the universe being free from the anguish of life as if the heavy sea calms down."

비추다

The Tripitaka Koreana Woodblocks

Above all, *Haeinsa* Temple reminds people of the Tripitaka Koreana woodblocks[1]. Since it has the Tripitaka Koreana woodblocks, it is the temple which symbolizes the law of Buddha out of three treasures[2]. The Tripitaka Koreana woodblocks and the depositories, *Janggyeong Panjeon*, designated as World Cultural Heritage, include the best knowledge and wisdom of East Asia in *Goryeo* Dynasty.

팔만대장경

세계문화유산

1) It is the complete collection of Buddhist scriptures carved on over eighty thousand woodblocks.

2) They are Buddha, the law of Buddha, and a Buddhist monk.

Creating the Tripitaka Koreana woodblocks might have been impossible without the academic standard of *Goryeo* Buddhism and the economic support at the time of the 13th century. It is as great a national undertaking (국가사업) as a space launch or nuclear development in modern times. Also, it could be possible for only *Goryeo* and China to create such a great national undertaking at that time in East Asia.

The Tripitaka Koreana contains the Buddhist scriptures of 84,000 anguishes carved on 81,258 woodblocks. The number, 80,000 means "many" in Buddhism. 84,000 was considered as a great number in ancient India.

Daejanggyeong (대장경), the complete collection of Buddhist Sutras is composed of three-pitaka (삼장), which represent Sutta Pitaka (경장), Vinaya Pitaka (율장), and Abhidhamma Pitaka (논장). Sutta Pitaka is the record of what Sakyamuni preached during his lifetime. Vinaya Pitaka are the do's and don'ts of the Buddhist disciples and Dharma (law of piety) of the Buddhist Order, which were formed after the death of Sakyamuni. Abhidhamma Pitaka includes the books where Buddha's disciples and the Buddhist old monks in India and China comment on the word of Buddha and systematically studied about Buddhism.

In fact, "*Chojo Daejanggyeong*" was made in 1011 in *Goryeo* Dynasty before the Tripitaka Koreana. *Chojo Daejanggyeong* in *Buinsa* Temple of *Daegu*, however, was destroyed by the

Mongolian invasion. Like this, *Goryeo* became war-battered 전란에 시달리는 once again after *Chojo Daejanggyeong* was burnt down. *Goryeo* moved the capital to *Ganghwado* Island at the time of Military Regime, and started making the Tripitaka Koreana woodblocks wishing to defeat Mongolia again through the power of Buddha.

In the process of making the Tripitaka Koreana woodblocks, cutting edge science and technology were used. Logged 벌목하다 trees were put into a sea of mud 갯벌 flats for 1 or 2 years to remove the sap 수액 of the trees. They had to be cut to a certain size, steamed in salty water, and dried in a well-ventilated 통풍이 잘되는 and shady place. This process kept them from splitting and bending after a long time passing. It also helped to prevent corrosion 부식 and the breeding of insect 해충 pests.

Jaejo Daejanggyeong

Since it was re-published, the Tripitaka Koreana also called *Jaejo Daejanggyeong*. It became a good example for making *Daejanggyeong* in other countries, which further verified 입증하다 the knowledge within it, because it was produced after being proofread many times with thorough historical research on the basis of *Chojo Daejanggyeong*, the *Daejanggyeong* of Song Dynasty, and the Kitan 거란 *Daejanggyeong*, etc. The manuscript was written in the letter type of *Guyangsun*, which is neat and composed.

Like this, the manuscript was written by the most excellent calligraphers and put on the prepared board turning it inside out

before being engraved by more than 1,800 engravers who were
새기다
good at engraving. Surprisingly, there are few misspellings and omitted letters despite such a huge and massive amount
빠지다
of letters. After all of the engraving, the woodblocks were varnished with lacquer to prevent harmful insects and moths.
옻칠을 하다
Though often printed out in India ink, it will be well-protected.

In addition, wooden end pieces were put on each end of the
마구리
woodblocks. This kept the woodblocks from bending for 800 years, and prevented the letters from being hit and being damaged. Also, this helped to provide ventilation between the woodblocks.

After the completion of the woodblocks, the process of printing, which needs large amounts of paper, followed. Since we had such an excellent technique making fiber-rich paper out of mulberry, the block books printed at that time still remain.
닥나무, 뽕나무

The Tripitaka Koreana woodblocks made in this way were initially kept in *Seonwonsa* Temple on *Ganghwado* Island. In *Joseon* Dynasty, however, they were moved to *Haeinsa* Temple in 1398 (in the 7th year of King *Taejo*) where they remain to this day.

Crises of the Tripitaka Koreana Woodblocks

The Tripitaka Koreana has gone through several times of crises. The city, *Seongju*, around *Haeinsa* Temple was captured by Japanese forces during the *Imjin* War, but the volunteer soldiers and monk (승병) soldiers fought for their lives and defended it against the Japanese soldiers. Since the *Imjin* War, there have been seven fires in *Haeinsa* Temple, but the Tripitaka Koreana woodblocks and the Depositories for the Tripitaka Koreana woodblocks were the only survivors. In 1915, the first governor (총독) of the Japanese occupation period, Derauchi, planned to take them away to Japan, but he gave up because he could not collect about 400 carts to move the Tripitaka Koreana woodblocks, which weigh about 250 tons.

It was during the Korean War that the biggest moment of crisis was. Having their escape cut off by Operation Chromite (인천상륙작전), about 900 soldiers of North Korea who were left behind were working around *Gayasan* Mountain. In 1951, the US army commanded the troops to bomb *Haeinsa* Temple to remove the base of their work. The captain, *Kim Yeong-hwan*, defied (반항하다) the order saying that he could not leave the Tripitaka Koreana woodblocks, our precious cultural heritage, in ruins in order to remove several soldiers of North Korea. Without his great knowledge and pride of our culture, the Tripitaka Koreana woodblocks would have disappeared forever.

Today when computers, smart phones, science and technology are well-developed, what is the essential wisdom for the humans of this time? What if we have wisdom to pass down (물려주다) to future generations? How will we do that?

The Wooden Statue of Buddhist Monk Huirang

There have been many well-known Buddhist monks in *Haeinsa* Temple, but the most representative 대표적인 ones are *Huirang* of *Goryeo* Dynasty and *Seongcheol* of the modern times. Buddhist Monk *Huirang* helped King *Taejo* and made *Haeinsa* Temple greatly reconstructed while defeating *Gyeonhwon* and unifying Later Three Kingdoms. There the wooden statue of his living figure still remains, and it looks really realistic and well-described. It is the oldest statue made out of wood in our country, and it was carved much more freely than the statue of Buddha.

Viewers are caught in the eyes which shine brightly with wisdom though his body is thin and old due to the ascetic practices. His preaching seems to pass down quietly together with his warm humanity through the wooden statue. It is a precious heritage of our culture.

Three Thousand Prostrations of Seongcheol say "equality"

Haeinsa Temple still produces the great people of modern times, and one of them is Buddhist Monk *Seongcheol*. He tried to change Buddhism in a state of confusion into a new figure through the self-asceticism and various readings and studies. People still miss him since he did his best to make people understand Buddhism as it is. "Let's look at ourselves straightly," "A mountain is a mountain, water is just water," and "Let's pray for others," etc., are very famous writings of his.

Among his stories, three thousand prostrations 삼천 배 is very famous to everyone. Anyone who wanted to meet *Seongcheol*, a child, the rich, or the old, had to make three thousand prostrations. Making a deep bow makes people humble and keep themselves clean. No matter how high and low their positions are in the world, it means that people are all the same in front of Buddha.

His old robe, which he himself sewed and wore for 40 years, shows us his whole life with thrift 절약 and saving, and his mind as an ascetic.

Haeinsa Temple still seems to be filled with the devotion and dedication that people made to the Tripitaka Koreana woodblocks and the desire of the Buddhist monks, *Huirang* and *Seongcheol*, for truth. ‡

12 Tongdosa Temple

Buddha temple having the sarira of Buddha! *Tongdosa* Temple of *Yeongchuksan* Mountain is one of three temples including *Songgwangsa* Temple and *Haeinsa* Temple in our country. Buddhist Monk *Jajang* brought the sarira of Buddha, the robe Buddha was wearing, and 400 cases of the collection of Buddhist Sutra from Tang Dynasty during the rule of Queen *Seondeok* of *Silla* in 646. *Tongdosa* Temple was founded enshrining these things.

The Way to Find Enlightenment

Is not walking on the path asceticism itself? The cozy path of pine trees in *Tongdosa* Temple is really beautiful and makes people forgiving. Walking along the forest of pine trees standing toward the sky, *Iljumun* Gate appears.

The tablet of *Iljumun* Gate, written "*Yeongchuksan Tongdosa*," was written by Regent (섭정) *Heungseon Daewongun*, who wrote letters and drew orchids (난초) well. The semi cursive style of writings on both stone pillars at the front of *Iljumun* Gate front look grave.

When entering *Iljumun* Gate, you can see *Seongbo* Museum in *Tongdosa* Temple on the very right side. It is the first temple museum that was made in our country. It possesses many relics that fit well with its scale. There are about 350 Buddhist paintings in *Tongdosa* Temple, including a mountain hermitage. The hanging painting (괘불) over 12 meters, Painting of the Vulture Peak Assembly (영산회상도) designated a treasure, and Paintings of the eight great events from Sakyamuni Buddha's life (팔상도) are displayed in the gallery. Every museum is a treasure-house (보물창고). Visiting the museum in the temple of our country, people should not look on it with a jaundiced view (삐뚤어진 견해) of religion. Then the life and the inner world of our ancestors will be found out as if it were a real treasure house.

After passing *Iljumun* Gate, *Cheonwangmun* Gate and *Burimun* Gate follow. Usually, three gates appear in the temple which are formal and quite extensive.

Tongdosa Temple is divided into three areas: *Sangnojeon* Area with a Diamond ordination platform as its center, *Jongnojeon* Area with *Daegwangmyeongjeon* Hall as its center, and *Harojeon* Area with *Yeongsanjeon* Hall as its center.

Make an Oath to Practice Abiding Asceticism

The symbolic building of *Tongdosa* Temple is the Diamond ordination platform (금강계단). The sarira of Buddha is put there, and it serves as a place for the ceremony of ordination.

The ordination in the Diamond ordination platform, where the sarira of Buddha is, symbolizes the ordination from Buddha directly. Its name means that the ordination should be kept firmly without breaking. The sarira is placed in a bell-shaped stupa on the double-stylobate. A beautiful lotus looking like the type of Unified *Silla* is carved on both stairs out of stone and the stylobate. The beautiful statues such as the seated statue of Buddha, the statue of Apsaras, and the statue of Guardian are carved all around, and they make the stairs sacred all the more. Also, the statue of Deva King is put on the banister of the stairs.

The Tablets of Daeungjeon Hall Written by Regent Heungseon Daewongun

Daeungjeon Hall in front of the Diamond ordination platform has a unique structure of the Korean traditional half-hipped roof. It makes the Diamond ordination platform have more dignity and authority. The names of the tablets hanging on the four sides of the building are all different. *Daeungjeon* Hall in the east, *Daebanggwangjeon* Hall in the west, the Diamond ordination platform in the south, and *Jeokmyeolbogung* in the north are written on each side. All of them were written by Regent *Heungseon Daewongun* and are filled with his upmost heart and effort. He must have been a faithful Buddhist.

There is no statue of Buddha in *Daeungjeon* Hall since the sarira of Buddha is placed in the Diamond ordination platform.

Instead, there is a Buddhist altar with a window toward the Diamond ordination platform. So, it allows people to have a service there.

It is believed that there used be a huge pond with nine dragons living it where *Tongdosa* Temple is. *Guryongji* Pond in front of *Daeungjeon* Hall is really tiny, but no matter what kind of drought comes, the flowing water that never decreases shows
가뭄
us the trace of the old site.

Though there is no special reason to visit temples, once people go there, it makes people look back on their lives. People just ask what enlightenment is. There is one poet who answered that question. He is the poet, *Do Jong-hwan*. He says in his poem, "Each man is all a flower": What is enlightenment? It is not realizing what I do not know, I suppose. It is realizing what I already know. It is enlightenment indeed. ✝

13 Bongeunsa Temple

Bongeunsa Temple, in the downtown area of Seoul which is well-known to foreigners because of the G20 Summit (G20 정상회의) and the Nuclear Security Summit (핵안보 정상회의)! *Bongeunsa* Temple withdraws itself from the light of the city and creates a quiet and lofty atmosphere at night when the earth is in communion with space! *Bongeunsa* Temple is located on *Sudosan* Hill in the downtown of Seoul. It was founded by the State Preceptor *Yeonhoe* at King *Wonseong* of *Silla* Dynasty in 794, and the first name was *Gyeonseongsa*. Meanwhile, it was reconstructed for the royal tomb of King *Seongjong* during the rule of King *Yeonsangun* in 1498, and the name has been changed into *Bongeunsa*.

The Center of Buddhism during the First Half of Joseon Dynasty

Bongeunsa Temple was at the center of development and decline of Buddhism in *Joseon* Dynasty, which focused on Confucianism. Above all, it was deeply related to several contemporary (당대의) famous Buddhist monks. The first half of *Joseon*

Dynasty was a Confucian society, but people still worshiped Buddha. And it was the same as the royal family. Among them, Queen *Munjeong*, a mother of King *Myeongjong*, was a faithful Buddhist, and she played an important role in the revival of Buddhism in the first half of *Joseon* Dynasty. Queen *Munjeong*, who acted as regent under the rule of King *Myeongjong*, made *Bongeunsa* Temple the center of the Zen sect temples in 1550, and this elevated the overall importance of *Bongeunsa* Temple.

Also, she gave her official 공인 approval to about 300 temples all over the country and appointed Buddhist Monk *Bou* as the chief 주지 monk of *Bongeunsa* Temple. She implemented 시행하다 *Docheopje*[1], which had been abolished to curb the growth of Buddhism, and opened the way to be a Buddhist monk, too. In addition, "*seunggwa*," the exam for becoming a Buddhist monk, was held twice in front of *Bongeunsa* Temple where Co-ex is today. The famous monks, *Seosan* and *Samyeong*, who made the biggest impact during the *Imjin* War, were selected through *seunggwa*.

After the sudden death of Queen *Munjeong*, Buddhism, which had been revived for 20 years, became suppressed again. *Bou* was exiled and killed later, and *seunggwa* was also abolished.

---

1) It is a policy that a government issues a permit to become a Buddhist monk.

When the *Imjin* War broke out, however, the Buddhist monks organized the monk military 승군 and fought for their lives, and Buddhism achieved recognition of *Joseon* government to some degree 어느 정도 due to these activities. *Seosan* and *Samyeong*, who had passed *seunggwa* in *Bongeunsa* Temple, organized the monk military and made a significant contribution. Buddhist Monk *Seosan* served as the chief monk of *Bongeunsa* Temple.

The Buddhist Monk, Byeogam

Especially, Buddhist Monk *Byeogam* has played an important role to raise Buddhism up again since the *Imjin* War. He took part in the sea battles of the *Imjin* War. King *Gwanghaegun* asked him to stay at *Bongeunsa* Temple and gave him a title "*Panseongyo Dochongseop*[2]." He also built *Namhansanseong* Fortress with the monk military in three years by the government's order. As the Manchu War 병자호란 broke out in 1636, he collected 3,000 volunteer monk soldiers, organized an army, and defended the library of *Jeoksangsan* Mountain.

Byeogam, who achieved recognition from the government for his moves for the country, reconstructed many temples such as *Ssanggyesa* Temple and *Hwaeomsa* Temple. His efforts

2) one of the best positions that the Buddhist monk can hold during the late period of Goryeo and the Joseon Dynasty period

played a significant role in the temple maintaining its place in Confucian society.

The Relationship with Chusa Kim Jeong-hui

Bongeunsa Temple, located near the castle town and having its lovely scenery along with *Hangang* River, was deeply connected to the nobility of that time. Especially, *Chusa Kim Jeong-hui* believed Buddhism passing down through the family. After his long banishment (유배), he spent much time in *Bongeunsa* Temple in the evening of his life laying down an office. The hanging board of *Daeungjeon* Hall that he had written has been passed down till now. Especially the hanging board of *Panjeon* Hall was written three days before he died. His last work was looked on as innocent and beautiful, like children. "*Chilsibilgwa Byeongjungjak*" is the signature written on the hanging board of *Panjeon* Hall, in other words saying "the letters written at age 71 in sickness," with each stroke (획) of the letters showing a greatness of humanity.

The Most Wonderful Gathering Is...

He even left us a great Korean poem, which makes us think of the true meaning and happiness of life once again, 5 months before he died. "*Daepaengdubugwagangchae Gohoebucheoanyeoson*." It means that the best side dishes are tofu (두부), a cucumber, ginger (생강), and vegetables, and the most wonderful gathering is to meet husband and wife, sons and daughters, and grandsons and granddaughters. Since *Chusa*, who was exiled twice as well as lived in wealth and honor, left the words at the end of his life, it seems to be far more touching than anything. There are no eternal things, and no unchangeable things in life. This poem makes us think that they may be the most beautiful things as time goes by.

It is *Bongeunsa* Temple that more foreigners and visitors can visit really comfortably than any other temple. *Bongeunsa* Temple facing the most crowded building, Co-ex, in *Gangnam*! It has remained for more than one thousand years. What will *Bongeunsa* Temple look like in another thousand? What will the huge and splendid building, Co-ex, look like? ǂ

14 Yongjusa Temple

The temple which filial piety and spirit of literature are flowing through! It is King *Jeongjo* who led the Korcan Renaissance in the second-half of *Joseon* Dynasty. *Yongjusa* Temple is his hometown in his mind. Nearby was a new town of *Joseon*, *Hwaseong*, which means his dream of a new age, *Yungneung*, the tomb of Crown Prince *Sado*, his father, and *Geonneung*, his own tomb.

Yongjusa Temple, Where the King Jeongjo's Heart for His Father Is

Originally *Garyangsa* Temple, built during the rule of King *Munseong* in 854, sat where *Yongjusa* Temple is now. One day, King *Jeongjo* was very touched by the sermon of Buddhist Monk *Bogyeong* about "*Bumo Eunjunggyeong*[1]." Shortly after, he moved the tomb of Crown Prince *Sado*, which had been in *Baebongsan* Mountain in Seoul, to *Hwaseong*, and he built *Yongjusa* Temple for his father there as the royal temple.

1) Buddhist scriptures teaching about repaying the parents' love

Crown Prince *Sado* died unfairly locked up in a wooden rice chest (뒤주) at age 28 due to the party strife between *Noron* and *Soron*. It is *Yongjusa* Temple that King *Jeongjo* built to pray for the repose of his father's soul and the temple that contains his ardent filial love for his father. He named it "*Yongjusa*" because of a dream the night before his inauguration (취임식, 낙성식) where a dragon biting a cintamani ascended to heaven. *Yongjusa* Temple is strong and firm enough to show the powerful royal authority of King *Jeongjo*. *Hongsalmun* Gate and the servants' quarters are pretty long, and there are a few buildings which show the styles of palace architecture such as *Sammungak* Gate looking like a gate of palace. It seems by his frequent visits that he thought of *Yongjusa* Temple as the temporary palace (행궁) where his father stayed.

King *Jeongjo* himself made every effort to *Yongjusa* Temple. He wrote the tablet of *Daeungbojeon* Hall himself. As well, writings about the foundation and framing, and even a book about the foundation of *Yongjusa* Temple were written by him. *Yongjusa* Temple was an outpouring of his utmost filial love for his father.

The things symbolizing *Yongjusa* Temple, which is the wooden printing blocks of *Bulseol Bumo Eunjunggyeong* and the hanging scroll (후불탱) of *Daeungbojeon* Hall, were all made by his order. *Bumo Eunjunggyeong*, which Buddha had preached, was published after the foundation of *Yongjusa* Temple to appease (달래다) the soul and praise the parents' love.

The first scene of *Bumo Eunjunggyeong* starts from Buddha's talking with his disciples finding a pile of skulls departed on the street. A mother bleeds 3 *mal* 8 *doe* of blood when giving birth to a baby and feeds a baby 8 *seom* 4 *mal*[2] of milk. *Bumo Eunjunggyeong* teaches to repay our parents' love.

더미

A Buddhist Painting by Kim Hong-do

There is a unique painting in *Daeungjeon* Hall of *Yongjusa* Temple, and it is very famous by *Kim Hong-do*. King *Jeongjo* himself had an excellent sense of art, enjoyed art, and was also the one who developed contemporary art. He offered the painter, *Danwon Kim Hong-do*, excellent treatment and loved him very much. King *Jeongjo* asked *Kim Hong-do* to draw a Buddhist painting for *Yongjusa* Temple, which was built for his father. This hanging scroll was painted by not only *Kim Hong-do* but also *Kim Myeong-gi*, who was a well-known portrait painter. Since this painting was painted right after *Kim Hong-do* came back from a mission to China, the advanced techniques of Western painting, such as the composition of a picture and the technique of giving shade and perspective to a painting, were used for it.

사절단

2) Seom, mal, and doe are Korean units of measure for the amount of quantity.

Seungmu, Inspired by Yeongsanjae

Yongjusa Temple in modern times is the place where "*Seungmu* (A Monk's Dance)" by *Jo Ji-hun* was created. *Jo Ji-hun*, a poet, who was at the age of 18 then, was inspired by *Yeongsanjae* (Celebration of Buddha's Sermon on Vulture Peak Mountain) held in the *Cheonboru* Pavilion of *Yongjusa* Temple. The poem, "*Seungmu*," which perfectly expresses the Korean sentiment of a dark mood during the Japanese occupation period and took 10 months to plan and 7 more to write, was born in *Yongjusa* Temple in 1939.

Harassed by passions, the anguish is starlight.
Turning around, wind, fold the hands, and stretch them out again,
looks as if putting her hands together from heart.
It is already midnight staying up in holiness
The white conical hat out of thin fabric flies like a butterfly.
고깔모자

King *Jeongjo*'s appearance from behind, in which he does not look back and is still in sorrow and longing, seems to be seen throughout the poem. †

15 Donghwasa Temple

Donghwasa Temple of *Palgongsan* Mountain in *Daegu* is what had been built as *Yugasa* Temple in 493, and it was later reconstructed by Buddhist Monk *Simji*. *Simji* is a son of King *Heondeok* of *Silla*. The name of the temple, *Donghwasa*, was spoken by Buddhist Monk *Simji* at first. At the time of reconstruction, the purple flower of the paulowenia tree auspiciously bloomed in winter, so he saw it and named "*Donghwasa*." "*Dong*" means the paulownia (오동나무) tree in Chinese character.

A Phoenix Broods an Egg

According to feng shui (geomancy), *Donghwasa* Temple has the topography (지형) of "*Bongsoporan*," which means "a phoenix brooding an egg." That seems to be why it has many names related to a phoenix, or *Bonghwang* in Korean. "*Palgongsan Donghwasa Bonghwangmun*" was written on *Iljumun* Gate. It means that *Iljumun* Gate is for entering the bosom (가슴, 품) of a phoenix. In front of the steps of *Bongseoru* Pavilion, there is a big living rock (자연석), and it is the place for the tag of a phoenix. The name "*Bongseoru*" also means "a phoenix dwells within."

The tortoise-shaped pedestal of Stele for Buddhist Monk *Inak* is not a common shape of a turtle but "a phoenix brooding an egg." A phoenix only eats the fruit of a bamboo and dwells in a paulownia tree. It means that a phoenix brooding an egg dwells in a paulownia tree, that is to say, in *Donghwasa* Temple.

A Buddha Hidden in the Rock Appears

There is a nice rock-carved Buddha in front of *Iljumun* Gate in
마애불
Donghwasa Temple. It is such a rare and beautiful rock-carved Buddha. A rock-carved Buddha is a Buddha carved on a rock face or rock. The spreading smile of a face which is carved in a solid granite looks quite soft and mild. Facing the rock-carved Buddha in the early morning when dewdrops form on the blades expresses the world of Buddha even more beautifully.
풀잎

The rock-carved Buddha of *Donghwasa* Temple is in a place that is not too low or high. On the rock, Buddha is just taking an easy pose with his right leg. Not sitting with his legs completely crossed, it naturally makes people hold their hands as if feeling comfortable. The mild face and eyes seem to reach Nirvana. The blowing clouds under the pedestal look so natural and beautiful.

Stonemasons say that it was not carved by them in the rock. Buddha was originally hidden in the rock. They just removed the skin from a rock. Their hands just helped the figure of Buddha appear in sight.

How carefully did they peel 벗기다 it off? There are so many granitic rocks on so many mountains in our country. Well, then who can guess which rock of the mountains has Buddha? How many thoughts have people had passing by this rock? Could Buddha talk to us from inside the stone if we watched it for a year or two years? How long would people have to watch before Buddha in the rock talked to them? The rock-carved Buddha of *Donghwasa* Temple is said to be carved by Buddhist Monk *Simji* himself. Is that the reason? It is the rock-carved Buddha that must have been made with all his heart and devotion.

Passing by *Bongseoru* Pavilion and entering the yard of the temple, you face only *Daeungjeon* Hall. There are a couple of *Gwaebuldae* in front of an embankment 축대 of *Daeungjeon* Hall built on high up ground. Bright *Nojuseok* are uprightly placed next to it. The foundation stone was laid down by a common stone, and a bent tree itself was used for a column. As its name says, Sakyamuni Buddha is mainly set up in *Daeungjeon* Hall. Three dragons and six phoenices are beautifully carved on the ceiling.

The Stone Vairocana Buddha and the Three-story Stone Pagoda of Biroam Hermitage

It is *Biroam* Hermitage that you should never miss in *Donghwasa* Temple. It is 300 meters away from *Donghwasa* Temple toward the south-west. There you can see the Stone Vairocana Buddha and the three-story stone pagoda built by

Buddhist Monk *Simji*. The three-story stone pagoda is the typical type of Unified *Silla*. It was built to pray 명복을 빌다 for the repose of King *Minae*'s soul, who unfairly died at a young age in the process of succession to the throne at the end of *Silla*. This became known to people due to the sarira reliquary found in the pagoda. It is also believed that The Seated Stone Vairocana Buddha was during this same period of the time.

There is a mistletoe 겨우살이 that you can find most easily in *Donghwasa* Temple. It is *Donghwasa* Temple that historically has as many stories as the mistletoe. Well, I just feel like seeing the rock-carved Buddha again in front of the gate.

I just want to find the Buddha in a rock and look into the eyes and hearts of the stonemasons that peeled the rock little by little. Where is it? Everything is Buddha and Buddha is in everything, but who can really recognize the Buddha in the world? How many people in the world knew that people before themselves, such as their parents, their wives, sons, and daughters could be a Buddha? I have once seen the one who said that his children were his *doban*[1] in his life. Well, isn't he who said so a Buddha? ‡

1) a friend who I practice asceticism with in Buddhism

16 Beopjusa Temple

Beopjusa Temple of *Songnisan* Mountain was founded by Buddhist Monk *Uisin* during the rule of King *Jinheung* of *Silla* Dynasty in 553. *Beopjusa* means "the law of Buddha dwells within," and the name came from the time when Buddhist Monk *Uisin*, who had come back from the West loading the scriptures of Buddha on a donkey, stayed there.

The Cradle of Maitreya Belief

Beopjusa Temple is the cradle of Maitreya belief that mainly worships Maitreya Buddha. Buddhist Monk *Jinpyo*, who had constructed *Geumsansa* Temple, built *Beopjusa* Temple next. Maitreya Buddha means the Buddha that will come in the future to save the people who Sakyamuni Buddha could not save, 5,670,000,000 years after Sakyamuni passed away. He is almost the same as a Messiah in Christianity.

Beopjusa Temple received protection from the dynasty throughout its history. King *Gongmin* of *Goryeo* Dynasty stopped by *Beopjusa* Temple in 1363, and one of the sarira of Buddha in *Tongdosa* Temple were then enshrined in *Beopjusa* Temple. King *Taejo* of *Joseon* Dynasty once prayed in *Sanghwanam* Hermitage, and King *Sejo* came in order to be cured his skin disease and held a 법회를 열다 Buddhist ceremony in *Bokcheonam* Hermitage. There is a pine tree which is called "*Jeong 2(Yi)-pum Song*" in the middle of the street at the entrance of *Songnisan* Mountain. When King *Sejo* came here by palanquin 가마, the tree itself lifted its branch up to let the king's palanquin pass by, so he gave it the government post 벼슬, *Jeong 2-Pum*. That is why it is called "*Jeong 2-pum Song*(a pine tree)."

Beopjusa Temple, like most other temples, was completely destroyed by a fire during the *Imjin* War. After the war, *Palsangjeon* Hall was reconstructed by Buddhist Monk *Yujeong*, and *Beopjusa* Temple was expanded by Buddhist Monk *Byeogam*.

Though *Beopjusa* Temple was built in the middle of a forest, it is not only located in a wide and peaceful land, but it is also big and great in scale. Therefore, it has such a power to lower people's heads and adjust themselves. Also, the huge scale of the statue of Maitreya Buddha built somewhat later makes people feel solemn 근엄한.

The Wooden Pagoda, Palsangjeon Hall

Palsangjeon Hall of *Beopjusa* Temple is the only original wooden pagoda in our country. *Daeungjeon* Hall of *Ssangbongsa* Temple in *Hwasun* is also a wooden pagoda, but it was rebuilt later after the original was destroyed in a fire. A wooden pagoda has the same structure as a building, so it can be built big in scale. The wooden pagoda had been prevailing before stone pagodas were developed in our country. As a result of too many invasions by foreign countries and frequent wars, however, the original wooden pagodas are a rare site. Now, we have to visit Japan, where we once taught our culture, in order to see the previous wooden pagoda of ours. We are still able to guess how great the scale when visiting the site of the wooden pagoda of *Hwangnyongsa* Temple.

빈번한

8 Important Incidents, 8 Kinds of Pictures

The hanging board of *Palsangjeon* Hall is hung out on the wooden pagoda. This is also the part that we cannot see on others. *Palsangjeon* is where the pictures drawn of the 8 important incidents out of Sakyamuni's life are enshrined. The 8 scenes of these incidents are as follows: the scene where his mother Maya gave a birth to him, the scene where he shouted "I alone am the Honored One throughout Heaven and Earth" on a hill of Lumbini, the scene where he turns back to the world through the gates of four places, the scene going over a castle riding a horse to leave home, the scene practicing asceticism on the mountain covered with snow, the scene finding enlightenment under the bo tree, the scene delivering a Buddhist sermon at Sarnath, and the scene entering into Nirvana under the four pairs of sal trees.

녹야원, 사르나트

In other words, *Palsangjeon* Hall is a building and a pagoda that enshrines Paintings of eight great events at the same time. The Korean word "*tap*," which means a pagoda, is originally from a stupa, an Indian word, and it means "a grave." Namely, a pagoda is a grave which enshrines the sarira of Buddha. Therefore, there is a reliquary, like a common pagoda we usually see, and hanging paintings of eight great events inside of *Palsangjeon* Hall. We can imagine the pagoda type of the early age when Buddhism had been passed down through *Palsangjeon* Hall of *Beopjusa* Temple and the Stone Pagoda of *Mireuksa* Temple Site in *Iksan*.

Two Stone Lanterns

There are things which are more amazing than anything else in this temple, though they were used for daily living in the temple. They are a Korean traditional caldron 가마솥 made of cast iron and a stone water bucket that is over 5 meters long. They were tools for preparing meals for about 3,000 people at that time, and they make us wonder how great the scale of the temple was.

It was very important how well the buildings were harmonized with nature in our traditional architecture. There is something in common with the character of the temple and the topography of the mountain and its natural surroundings.

In this way, there are two beautiful and precious stone lanterns that make *Beopjusa* Temple look more excellent. In front of *Daeungbojeon* Hall, you can see the stone lantern of twin lions of *Silla* Dynasty, which is designated as a National Treasure. This figure, where of two wise lions roaring (포효하다) with all their hearts holds up a light chamber stone, is exquisitely carved. But there is a protective (보호각) pavilion used to protect the old lantern and it covers the sky now. It is natural that this lantern which has given out light eventually becomes old and returns to the earth. When it was first built, it must have been used as a tool to light the truth of Buddha in the morning and evening. It is a pity that the lantern of twin lions is not able to shine its light under the cover.

The other lantern is the lantern of Four Guardian Kings in front of *Daeungbojeon* Hall. The lantern, in which Four Guardian Kings are carved in the light chamber stone, is as beautiful as other designated National Treasures. And it shines light in front of the yard of *Beopjusa* Temple everyday so that Maitreya Buddha may find his way when coming back 5,670,000,000 years later.

Beopjusa Temple is quite an interesting place in many ways. What was the stone lotus basin of *Beopjusa* Temple made for? What a great and beautiful pond carved like a lotus in a big stone above the yard! It looks like a glass of wine in some way. Isn't it probably a glass of morning dew preparing for a toast the day Maitreya Buddha comes back? ǂ

17 Daeheungsa Temple

The beautiful temple in the end of our country facing the southern sea, *Daeheungsa* Temple of *Duryunsan* Mountain! It is well-known as the place where Buddhism defending our country, and its local tea culture. *Duryunsan* Mountain was called *Daedunsan* Mountain before, so the temple was also called *Daedunsa*. There are many views about when *Daeheungsa* Temple was founded, but it seems to have been built before the end of Unified *Silla* since there is a 3-story stone pagoda of Unified *Silla* in front of *Eungjinjeon* Hall. The temple follows the view that Buddhist Monk *Ado* founded it during the rule of King *Jinheung* of *Silla* Dynasty in 544.

호국불교

The path in the forest leading up to *Daeheungsa* Temple on *Duryunsan* Mountain, which has a warm climate flowing all year and a superb landscape, is so beautiful. We should walk to enjoy breathing in the sweet and fresh air from the broad leaf trees.

활엽수

The Blue Crabs Crawling around a Stupa

There is a beautiful stupa field that is not found in others except *Miheungsa* Temple and *Daeheungsa* Temple, which are both located around the southern sea. It is cozily placed on top of a stream, where children catch crawfish (가재) and play in the water in summer.

When entering, you had better lower your head to look around the stupas without thinking about the times, artistry (예술성), and the type. There are various figures such as crabs, starfish, lotuses, etc., carved into the stone at the bottom part of the stylobate. You will just burst into laughter because of the humor and quaint beauty (운치) that Koreans have. How could people sublimate (승화하다) death so beautifully? Just looking at these carvings makes us smile and feel refreshed at heart.

The Center of Buddhism of Defending Country

Daeheungsa Temple is the place where the tradition of Buddhism of defending country is alive. Buddhist Monk *Seosan* said "*Daeheungsa* Temple is the place where the Three Disasters can't reach and it will not be damaged a long time later." It is where the headquarters of monk military, which Buddhist Monk *Seosan* led at the time of *Imjin* War, were and the temple became a center of Korean Buddhism as he handed his garments and alms bowl here.

The *Pyochungsa* Shrine in the temple was built to praise the monks *Seosan*, *Samyeong*, and *Cheoyeong* for their virtues. The tablets of "*Pyochungsa*" and "*Eoseogak*" were written by King *Jeongjo* himself.

A Friendship between Master Choui and Chusa

Daeheungsa Temple is also where a friendship between Master *Choui* and *Chusa* remains. Master *Choui*, also called "*Daseong*," established the tea ceremony of our country at the end of the *Joseon* Dynasty. He helped people attain the perfection 이루다 of goodness through a tea ceremony based on an idea of "*Daseonilmi*," in which one can realize the teachings of Buddha and have a joy of Zen meditation while drinking tea. He founded *Iljiam* Hermitage in the eastern valley of *Daeheungsa* Temple and focused on enjoying tea for 40 years there while building a deep relationship with *Chusa Kim Jeong-hui*, *Sochi Heo Ryeon*, and *Dasan Jeong Yak-yong*, who was living in exile.

The Tablets Written by Master Calligraphers of Joseon Dynasty

We can feel the power 필력 of a brush stroke of master calligraphers of the *Joseon* Dynasty, including the letters of King *Jeongjo*, through the tablets of various buildings of *Daeheungsa* Temple. The tablets of *Daeungbojeon* Hall, *Cheonbuljeon* Hall, and *Chimgyeru* Pavilion were written by *Wongyo Yi*

Gwang-sa, who was exiled to *Jindo* Island. He was the best calligrapher of the time, and he developed a unique style of our penmanship, "*Dongguk jinche*." The beautiful letters on the tablet of *Daeungbojeon* Hall written by him feel so soft, elegant, and firm.

Chusa Kim Jeong-hui, who was born 80 years later than him, criticized the number one of the previous time, *Yi Gwang-sa*, for spoiling the letter of *Joseon*. *Kim Jeong-hui* stopped by *Daeheungsa* Temple to meet Master *Choui* on his way to exile. At that time, he hung up his letter "*Muryangsugak*" instead of the hanging board of *Daeungbojeon* Hall written by *Yi Gwang-sa*.

Later, he stopped by *Daeheungsa* Temple again to meet Master *Choui* on his way back home from exile, and he hung the tablet written by *Yi Gwang-sa* back up instead of his letter, which had an extremely oily style of penmanship. It is such a nice story, and it has a calm confession acknowledging others' endeavors. The masterpiece, "*Myeongseon*," written by *Chusa Kim Jeong-hui*, expressing his thanks to *Choui* for a cup of tea from the heart, is being passed on at *Daeheungsa* Temple.

If knowing how to enjoy a cup of tea and the smell of old ink, though not achieving spiritual enlightenment, isn't it the finest life imaginable? ‡

18 Unmunsa Temple

Unmunsa Temple of *Hogeosan* Mountain with the pure and clear way! Walking along the *Unmun-dam*, you can enjoy the cherry blossoms in spring, and the colorful leaves of persimmon(감) trees in fall! It is where you can enjoy touching, breathing, and feeling with your heart, not only watching with your eyes.

Unmunsa Temple is well-known in our country as the place where a Buddhist nun(여승) is trained and studies. It still produces many Buddhist nuns of distinguished excellence. Therefore, it looks really neat as if there were not a place untouched by Buddhist nuns.

The Beautiful Path of Pine Trees

The pine tree path to *Unmunsa* Temple is one of the most beautiful trails in our country. After passing the entrance of the temple, you can meet a pine tree path on your right hand side soon after. Walking on soft soil beside the valley, morning clouds can appear before you know it. You may just as well mock the people who go by car. How wonderful a way it is!

As there is nothing that is perfect alone in the world, there is a beautiful pine tree field which makes *Unmunsa* Temple seems as perfect as the clouds in the sky above.

The pretty pine trees seem to dance, gyrating (빙빙 돌다) their hips as if they gave themselves to the wind. There stand lofty green pines which spout (분출하다) their delicate scent placing the sky on the top, but they have a painful wound on their bases. Each pine tree has a wound as big as the heart of an adult. There remains a wound splashed by a sharp knife after stripping (벗기다) a bark off a tree. These are marks of the pine resin (송진) collected by Japan to meet the demand of turpentine (송탄유) during the Pacific War, which occurred during the Japanese occupation period. People tend to forget the history that young Koreans, who looked like a beautiful and pretty pine tree, were taken to the battlefield as enforced sex slaves, drafted laborers, or student soldiers, but the pine trees of *Unmunsa* Temple seem to still remember it.

Doryangseok and a Daybreak Service

Here there is a temple that looks so calm. The woman who gave us late dinner might have been at daybreak (새벽) services. At 3:00 in the morning, the universe begins. It is too early to start the day, but when a monk gets around to sounding a *moktak*, the day of a temple starts.

This ceremony before the daybreak service is called "*Doryangseok*." It is a ceremony to wake all things up and wash off the delusion disturbing asceticism. The daybreak service begins while a Buddhist drum, a wooden clapper, and a temple bell continue sounding. A buzz 까까머리 cut which looks even blue and clear and the bright eyes! The echo of reading the scriptures of Buddha praying with two hands together is a sound of nature itself.

There is a Buddhist University for Buddhist nuns. At present, about 260 nuns are being trained there keeping the rule "no working, no eating." It is a solemn echo toward the world sleeping quiescent 조용한. There is another daybreak that cannot be felt among the apartment buildings of a city in *Unmunsa* Temple.

Hogeosa Temple of Unmunsan Mountain?

The world becomes all the more beautiful in *Unmunsa* Temple as the season of green comes and the cherry blossoms fly into air. In awe of the scenery of the temple seen over a low stone wall of roof tile makes our heart as calm just as a flower in the rain. Entering into *Beomjonggak* Pavilion along the stone wall, there is the world of Buddha. Is it because of *Hogeosan* Mountain that a tiger comes out? There is no *Iljumun* Gate, *Geumgangmun* Gate, or *Cheonwangmun* Gate at *Unmunsa* Temple. It looks, however, pretty, neat, and impressive. Watching the temple and the mountain still, it strikes me what if the name, *Unmunsa* Temple of *Hogeosan* Mountain, is changed into *Hogeosa* Temple of *Unmunsan* Mountain?

A crowd of buildings in *Unmunsa* Temple look as if a tiger sat applying a strain to his front claws. Is the sound of a Buddhist service its sutra chanting? *Manseru* Pavilion is so cheerful that it seems to keep everyone warm. In summer, children may be in Zen meditation and study what greed and stupidity are in *Manseru* Pavilion, too. The painting in which children are playing makes us brighten more than the hanging Buddhist painting does. There is always a person living in the temple.

There are many cultural assets in *Unmunsa* Temple, but what people cannot easily see in others, is the stone 석주 pillar of Four Guardian Kings. There are few where the statue of Four Guardian Kings remain in the form of a stone pillar. There are almost no statues of Four Guardian Kings of such big scale, even though there are Four Guardian Kings carved in the stylobates of stone pagodas.

The Buddhist Monk Iryeon Writes "Samguk Yusa"

It is Buddhist Monk *Iryeon* who made the temple *Unmunsa* Temple come alive most. He worked for *Unmunsa* Temple as a chief priest for 5 years during the rule of King *Chungnyeol* in 1277. He became a Buddhist monk at the age of 14. The age in which he lived was the most confusing in our history.

As the Military Regime started in *Goryeo*, the peasants 소작농 and the lowest class of people rebelled all over the country, and the Mongolian invasions were frequent. *Goryeo* was being indirectly ruled by Mongolia as well. What should he do? What was he able to do?

He became the state preceptor at the age of 78, but he left for *Ingaksa* Temple in *Gunwi* of *Gyeongsangbuk-do*. *Iryeon* completed *Samguk yusa* (Memorabilia of the Three Kingdoms) in *Ingaksa* Temple. *Samguk yusa* faithfully describes the ancient life of the Three Kingdoms, including not only the king-centered history, but also the lives of the people at that age. It includes the myth of *Dangun*, which was the birth myth of a nation, and many tales and filial behaviors, which served as the foundation for people's lives at that time. Furthermore, the living stories linked to the deeds, temples, and pagodas of the old Buddhist monks are recorded.

Why did *Iryeon* write *Samguk yusa*? Though all people in the world become an ascetic, all of them cannot find enlightenment. Well, what will those who are not ascetics become in this world? An ascetic hands down only his alms bowl and garments, and leaves only his sarira after his death. Even he does not intend to leave it indeed. Then, whose story is the history? Is the history the story about the people except ascetics? ǂ

19 Jeondeungsa Temple

Ganghwado Island is located in the mouth of 3 rivers: the *Hangang* River, *Yeseonggang* River, and *Imjingang* River, which all run through the middle of our country. It is the gateway of Seoul, and an important place for tax collection as marine transportation from each region passes through.
조운

Ganghwado Island is a repository of a pilgrimage of our
보고, 저장소 순례
history. A lot of vestiges of history remain there, such as Dolmen, *Chamseongdan* Altar, where the progenitor of our people, *Dangun*, held a memorial service, and the historic site of *Mongolian* strife, and also we can see the trace of the Manchu War, the *Unyo* incident, the *Byeongin* Invasion, and the *Sinmi* Invasion etc. there.

Jeondeungsa Temple is the main temple of *Ganghwado* Island where our historical ordeals and the trace of resistance remain
시련
intact. It was founded by Buddhist Monk *Ado* during the rule of King *Sosurim* of *Goguryeo* in 381, while he was on his way to *Silla* going through *Ganghwado* Island to make people know Buddhism.

Its first name was *Jinjongsa*. As the Queen of King *Chungnyeol* of *Goryeo*, *Jeonghwa*, offered a jade 옥 lamp to the temple, it was changed into *Jeondeungsa*. *Jeondeung* means "conveying the true words of Buddha." It might be from the story that *Jeonghwa* got the complete collection of Buddhist Sutras of Song Dynasty and kept them in *Jeondeungsa* Temple.

A Victory Stone of a Temple

Jeondeungsa Temple was built in *Samrangseong* Fortress, which had been built by three sons of *Dangun*. Entering the gate of the fortress instead of *Iljumun* Gate, there is a victory 승전비 stone of General *Yang Heon-su*. What a victory stone in a temple! This is the history of *Ganghwado* Island.

General *Yang Heon-su* made French troops withdraw from *Joseon* at the time of the *Byeongin* Invasion in 1866 when 160 soldiers of the Marine Corps 해병대 of France attacked *Samrangseong* Fortress. French troops which occupied *Ganghwaseong* Fortress at the time of the *Byeongin* Invasion plundered 약탈하다 many treasures and books from *Oegyujanggak*.

In spring of 2011, 297 volumes of royal *Uigwe*[1] taken from *Oegyujangak* during the *Byeongin* Invasion, were returned after 145 years. Dr. *Park Byeong-seon*, who first found *Uigwe* in the Bibliotheque Nationale de France and tried persistently to bring them back to Korea, passed away in November that year. This is another moment of history that we have to remember and put beside a victory stone at *Jeondeungsa* Temple.

The Statue of a Naked Woman in Daeungjeon Hall

Passing by *Daejoru* Pavilion, which sits on the sea of the west, *Daeungjeon* Hall, which is the highlight of *Jeondeungsa* Temple, and shows the profundity 깊이 and mystery of Korean architecture, appears. *Daeungjeon* Hall, whose eaves look so nimble 날렵한 that they may just fly up above the sea of the west, has its stylobate piled up with big and small living stones, and its pillar built on the cornerstone made of broken stones. Watching it carefully, a statue putting the roof on its head with difficulty can be found under the splendid eaves of *Daeungjeon* Hall.

According to the story passed down in the temple, this statue is that of naked 벗은 woman. *Daeungjeon* Hall, which had already been reconstructed a few times after several fires, was

1) Uigwe is the generic name given to a vast collection of approximately 3,895 books that recorded in detail the royal rituals and ceremonies of the Joseon Dynasty.

reconstructed again at the end of the 17th century by a master builder who was quite famous at that time. The master builder, who was away from his hometown, fell in love with a woman at an inn in the village. He, who became blind with love, gave her all the money that he had earned, and promised to start life with her after finishing *Daeungjeon* Hall. But the woman ran away with his money in the middle of the night just before he finished building it. He, who could not put up with his anger at her betrayal, carved a naked statue of the woman and with the roof on her head at the four corners of *Daeungjeon* Hall.

It is the most interesting story of those which have been passed down in *Geumdang* of a temple. Above all, the fact that *Geumdang*, which serves Buddha, has such a worldly (세속적인) love story is fun. And no matter how excellent his ability was, there would have been a chief monk and a person who had given alms to the Buddhist temple, so how could the master builder have such an authority in *Joseon* Dynasty, which was a hierarchical (계급사회) society? It is a beautiful story which expresses the flexibility and communication of the society, as one could rarely express his own ideas in such territory (영토) even in this day and age.

It strikes me whether the one who puts the roof on her head is probably himself. Is it possible that the master builder, who should have built *Geumdang* for Buddha with all his heart, made up this story to reflect on his own a lust for a woman that was so strong he might have deserted his wife and children? No matter what kind of real story it has, I just feel that the story of the naked statue helps people realize the stage of humor of our forefathers.

Jeondeungsa Temple in *Ganghwado* Island always reminds me of what a French officers, who had plundered *Ganghwado* Island during the *Byeongin* Invasion, grumbled. Feeling hurt
투덜거리다, 푸념하다
with his pride, he professed his admiration of the fact that there was a book in every house on this small island no matter how poor or small the house was. ‡

20 Heungguksa Temple

Yeosu, the beautiful city which a red camellia (동백꽃) blooms in winter! Palm (종려나무) trees which look like various fingers spreading out in the middle of a road have an exotic mood. *Yeosu* tries to get a foothold for another big push as it hosts the 2012 World Expo. *Heungguksa* Temple, which became a reliable buttress and waved a flag of prosperity when our country was in trouble, is located on *Yeongchwisan* Mountain in *Yeosu*.

The Central Temple of Buddhism of Defending Country

Heungguksa Temple was founded by State Preceptor *Jinul*, during the rule of King *Myeongjong* of *Goryeo* in 1195. "If this temple is prosperous (번영하는), our country will be prosperous, and if our country is prosperous, this temple will be prosperous." is written in a book (사적기) about the incidents at *Heungguksa* Temple. It is one of the typical temples which stands for Buddhism defending our country, and that considers peace and prosperity of the country more than religion. Even the name has the meaning "prosperous(*heung*)" and "a country(*guk*)" in Chinese characters.

It was the *Imjin* War when *Heungguksa* Temple had a decisive chance to become the center of Buddhism defending our country. *Yeosu* is home to *Jeollajwasuyeong*[1], which Admiral 해군장성 *Yi Sun-sin* commanded at the time of the *Imjin* War and the *Jeongyu* War. *Heungguksa* Temple was the center of the monk military. Admiral *Yi* said about the role of *Honam* district at the time of the war, "There was no country without *Honam*." The center of *Honam* district is *Yeosu* located at the beach of the south. His saying is still told and remains as its pride to this day.

Heungguksa Temple was especially known as the center of the volunteer monk navy 의승수군, which directly helped Admiral *Yi*'s naval war. They took charge of the construction of a warship 군함, its repairing, the construction of a mountain fortress as well as a naval war. Therefore, *Heungguksa* Temple became a main target for the Japanese army and was almost in complete decay. The scale of the volunteer monk navy was reduced from 700 soldiers to 300 soldiers right after the *Imjin* War, but they continued working actively. The volunteer monk navy of *Heungguksa* Temple continued fighting off Japanese raiders 왜구 till 1812.

---

1) It is one of a naval base in Joseon Dynasty.

The Yard of Daeungjeon Hall with the Image of the Sea

Heungguksa Temple has such a unique beauty as a temple at the beach of the south. The yard of *Daeungjeon* Hall placed cozily at the foot of *Yeongchwisan* Mountain looks quite neat as if it were water-washed by the rising tide. There are various sea animals carved in granite such as a dragon, a turtle, and a crab here and there in the yard, which look as they don't ebb away because they like it there.

썰물이 되다

The stone lantern in front of *Daeungjeon* Hall placed on the turtle's back seems to gather starlight from the space at night. Four light chamber stones on the top of the pillar built on the turtle's back make a figure that presents an offering to Buddha. The roof stone of light chamber stone also looks very beautiful and unique. There is a dragon, a turtle and a crab carved waggishly into the central stairs and the embankment of *Daeungjeon* Hall. Asceticism might be witty, humorous, and pleasant.

익살스럽게

The front yard of *Heungguksa* Temple is a beautiful place which gives the impression of the sea. *Daeungjeon* Hall gave the impression of *Banyayongseon*, which is the ship of imagination used for crossing over to a state of enlightenment from this world. There needs to be a lighthouse to shine the way when the ship is crossing over, so it has a naughty, turtle-shaped lighthouse to shine a light to the ship. *Daeungjeon*

Hall of *Heungguksa* Temple was built according to the floor plan of *Songgwangsa* Temple's. At that time, it was built
도면
by 41 soldiers of the volunteer monk navy with devotions for 1,000 days. *Daeungjeon* Hall of *Songgwangsa* Temple disappeared during the Korean War. Thus the original figure of the building can be seen in *Heungguksa* Temple now. Such a rise of *Heungguksa* Temple may help the *Yeosu* Industrial Complex, which is a foothold of Korean modernization.
발판, 기반

The *Yeosu* Industrial Complex, which was kept alive during the financial crisis of IMF and revived the economy of our country, and the 2012 World Expo made this country prosperous despite the global crisis of the 21st century. *Heungguksa* Temple, which is famous for its beautiful azaleas that blossom
진달래
in spring, sits in the middle of *Yeosu* Industrial Complex and faces the Pacific Ocean. ǂ

21 Jikjisa Temple

Jikjisa Temple of *Hwangaksan* Mountain in *Gimcheon* is located in the middle of our country. *Chungcheong-do, Jeolla-do*, and *Gyeongsang-do* are divided around Hwangaksan Mountain, so it has been called "*Dongguk Jeil Garam*" since it was the best temple located in the middle of our country from old times.

Jikjisa Temple was founded by Buddhist Monk *Ado* at the time of King *Nulji* of *Silla* in 418. The name of the temple came from "*Jikji Insim Gyeonseong Seongbul*" that people can reach Buddha's enlightenment as not leaning on the teaching but seeing people's mind using one's intuition (직관) through the Zen meditation. Another story that the monk *Neungyeo* did not use a ruler but used his hand as he had measured (측정하다) the site of this temple made this temple called "*Jikjisa.*"

Giving Safe Haven to Wanggeon

King *Taejo* of *Goryeo*, *Wanggeon*, was greatly defeated by *Gyeonhwon* who was on his way back from taking *Gyeongju* where *Palgongsan* Mountain is now. In that crisis, General *Sin*

Sung-gyeom disguised himself as King *Taejo* and died for him. King *Taejo* barely managed to seek shelter in *Jikjisa* Temple. The monk *Neungyeo* helped *Wanggeon* defeat Later *Baekje* a lot, and *Jikjisa* Temple received protection from the nation since then.
보호

The Twin Stone Pagodas and a Stone Lantern Are Eye-catching

After passing by *Iljumun* Gate, *Geumgangmun* Gate, and *Cheonwangmun* Gate, and if entering the front yard of *Daeungjeon* Hall passing under *Manseru* Pavilion, the twin stone pagoda looking good stand from east to west side by side. These were not originally where they are now but moved from *Docheonsa* Temple Site in *Mungyeong*. They look pretty heavy though the stylobate is one-story as the type of the age of Unified *Silla*.

Also, in front of *Daeungjeon* Hall, there stands a stone lantern which seems to be made in the end of *Goryeo*. A pillar stone under square light chamber stone has a "*Seho*" carved and shaped like a thin tiger. There is no such an carving on any lantern in our country. *Seho* is originally carved on a pair of stone posts in front of the royal tomb with the pattern that one of them is going up and the other is going down. In general, a spirit comes in and out through the stone posts, and a *Seho* symbolizes the spirit. Does it mean that the spirit and words of Buddha go up with a clear light of thc lantern, and they become known to the people of the universe? What does the *Seho* carved on the stone lantern symbolize? And where is the other one?

The Temple Remaining Solemn

Jikjisa Temple is where *Samyeong* became a Buddhist monk. He, who made a great contribution with many monk soldiers during the *Imjin* War, had become a disciple of Buddhist Monk *Sinmuk* in *Jikjisa* Temple after leaving home. Japanese soldiers left *Jikjisa* Temple in ruin because of that. After the *Imjin* War, *Daeungjeon* Hall was reconstructed at the time of King *Yeongjo* in 1735 and has remained solemn as an old temple with the Korean traditional half-hipped roof, lotus-carved stone figures and stone lanterns, and the stone pagoda.

There are 3 pieces of hanging Buddhist painting which are over 6 meters on the wall side by side. Hanging Buddhist painting, which has well-organized composition and rich detail, is the treasure that represents for the Buddhist painting of the late half of *Joseon*. The altar for a Buddhist image and the canopy 덮개 that you can only see in a temple or a palace were well-made with great delicacy. The celestial 천상의 angel and the figure of heaven with Buddha drawn on the canopy are splendid, beautiful, and expressed with great tranquillity enough to class up the *Daeungjeon* Hall.

The statue of Buddha in Cheonbuljeon Hall

Passing by *Gwaneumjeon* Hall and *Myeongbujeon* Hall, there is the third stone pagoda. *Birojeon* Hall in front of the stone pagoda has a thousand statues of Buddha, so it is also called *Cheonbuljeon* Hall[1]. There is a white statue of the naked baby of Buddha. Since there is the tale anyone who sees the statue at first out of one thousand statues will give birth to a baby boy, a lot of people have been coming there to offer a Buddhist prayer from old times.

The Painting of Searching Ox Comparing an Ox to the Nature Human Beings

After walking around the temple, go back to *Daeungjeon* Hall again to do a thorough check. As staying longer, the smell of the past, people, and time seems to be stronger. The Painting of Searching Ox 심우도 is found on the external wall of *Daeungjeon* Hall. Usually, it is also called "The ten ox-herding painting" 십우도 because it is made of 10 scenes. It compares an ox to the nature of human beings and a child to an ascetic. A child searches a runaway black ox everywhere and finds it, but the black ox becomes white slowly getting the nature of human beings. In China, a horse is drawn instead of an ox, and an elephant is drawn in Tibet. Though there is a little difference among countries, they all dream Nirvana.

---

1) "Cheon" means a thousand, and "bul" means the Buddha in Korean.

The fifth picture that the black ox is slowly changing into white when a child puts a ring through an ox's nose and leads an ox and the eighth picture that expresses everything is nothing are impressive.

Watching the Painting of Searching Ox still, there seems to be a thirst for enlightenment at the bottom of the oriental thought. Though not a Buddhist, it just makes us turn around our life and enlightenment.

Where would I be among those pictures? As one turns around oneself when tired and in wonder, while looking around *Daeungjeon* Hall which has the Painting of Searching Ox, why do not we look at ourselves in the tinkling of a wind-bell of the temple? ǂ